普通高等教育"十二五"规划教材

计算机在材料科学与工程中的应用实验设计与指导

主　编　叶卫平
副主编　黄赟
参　编　张覃轶　闵捷　任坤
　　　　耿泳　罗干

机械工业出版社

本书以计算机在材料科学与工程中的应用典型共性实验为基础，主要包括了材料实验数据计算机分析与数学建模、材料科学与工程中的过程模拟和物理场分析、材料科学与工程的数据库应用、材料生产过程的计算机检测与控制、网络技术在材料研究中的应用等方面的实验内容。

本书主要侧重于引导和培养学生应用计算机技术解决材料科学与工程中的实际问题的能力。实验由实验目的、实验原理概述、实验步骤方法和练习及思考题4个部分构成，其中部分实验属于验证性实验，但大多数实验都具有综合性、设计性与研究创新性。这些实验给学生一定的想象空间和充分发挥主观能动性和创造性的空间，以实现培养学生材料科学研究能力、创新能力的目的。

本书可作为高等院校材料类计算机在材料科学与工程中应用等课程的实验教材，也可供有关教师、研究生、工程技术人员和科研人员参考。

图书在版编目（CIP）数据

计算机在材料科学与工程中的应用实验设计与指导/叶卫平主编.—北京：机械工业出版社，2014.1（2023.9重印）
普通高等教育"十二五"规划教材
ISBN 978-7-111-45060-3

Ⅰ.①计… Ⅱ.①叶… Ⅲ.①计算机应用-材料科学-科学实验-高等学校-教材 Ⅳ.①TB3-33

中国版本图书馆 CIP 数据核字（2013）第293749号

机械工业出版社（北京市百万庄大街22号 邮政编码100037）
策划编辑：丁昕祯 责任编辑：丁昕祯 吕 芳
版式设计：常天培 责任校对：闫玥红
封面设计：张 静 责任印制：张 博
北京建宏印刷有限公司印刷
2023年9月第1版第5次印刷
184mm×260mm·10.25印张·250千字
标准书号：ISBN 978-7-111-45060-3
定价：29.80元

电话服务　　　　　　　　网络服务
客服电话：010-88361066　　机　工　官　网：www.cmpbook.com
　　　　　010-88379833　　机　工　官　博：weibo.com/cmp1952
　　　　　010-68326294　　金　书　网：www.golden-book.com
封底无防伪标均为盗版　　　机工教育服务网：www.cmpedu.com

前　言

将计算机技术应用于材料科学与工程中的材料合成制备、数据分析、建模，应用计算机技术对材料的组织和性能进行预测，对材料成分和工艺进行优化设计，是 21 世纪对材料类专业人才素质的基本要求，掌握计算机技术已成为材料科学与工程的本科生和研究生进行专业学习、科学研究必不可少的技能，本书是为满足上述需要而编写的。

本书主要侧重于引导和培养学生在材料科学与工程领域具有计算机应用的能力，应用计算机技术解决材料科学与工程中的实际问题。在结构安排上，本书由 29 个独立的实验组成，涵盖了材料科学与工程中不同专业方向的内容，在这些实验中大部分采用了 Origin、MAT-LAB、ANSYS 等通用软件实现，少部分采用了 FLUENT、Thermo – Calc、Materials Studio、MDI Jade、Image Tool 等专业软件来实现。诚然，书中的部分实验与实际材料研究过程还有一定距离，有些实验还显得稚嫩，例如对温度场、浓度场和应力场的模拟，但这些实验无疑对学生了解这类问题的研究方法，早日接触专业软件，培养学生的实际动手能力和扩大学生在专业研究中的视野是有益的。

书中实验基本上由实验目的、实验原理概述、实验步骤方法和练习及思考题 4 个部分构成，实验原理概述和实验步骤方法部分对专业知识进行简要介绍，提供了学生上机模仿练习实例，通过动手完成该部分实验，可以增强学生的自信；在实验的练习及思考题部分提供了练习和参考答案，学生可通过查找有关资料，利用所学的专业知识，发挥主观能动性完成练习。这样每一个实验都给学生一定的想象空间和充分发挥主观能动性和创造性的空间。

本书的实验大部分是作者在多年教授高年级本科生"计算机在材料科学与工程中的应用"课程的实验教学的基础上，充实整理完成的，例如实验 6 材料合成制备正交实验设计、实验 7 材料研究中的曲线拟合与建模和实验 9 理想溶液二元相图计算等，这些实验在多年的实验教学中得到了不断完善和提高。书中部分实验是在科研工作中提炼出来的，例如实验 8 材料组织参数数字图像分析、实验 24 太阳能选择性吸收涂层吸收率和发射率分析和实验 28 用 LabVIEW 设计淬火冷却介质冷却特性测试系统等，这些实验内容可以直接为科研提供借鉴。书中还有部分实验参考了国外大学相关课程的实验教学内容，例如实验 3 MATLAB 材料检测信号处理、实验 4 MATLAB 模块编程与相变过程分析和实验 14 材料分子动力学（MD）模拟初步等。书中所有的实验都提供实验数据，所有程序都经过上机检验，并对部分实验练习配上适当的解答，供学生上机实验参考。

为了满足不同层次、不同专业方向以及对某领域有兴趣学生的需要，体现因材施教，书中不仅提供了难度适中的验证性实验，还提供了设计性和综合性较强的实验，这些实验可为学有余力的同学提供独立研究和锻炼的机会。

本书由叶卫平任主编，黄赟任副主编，张覃轶、闵捷、任坤、耿泳、罗干参编。在本书的编写中，参考和吸收了近 10 年历届本科生在完成该课程实验中的一些新思想，他们是材科 0201 班杨彪、材科 0301 班张小龙、材科 0402 班黄灵妍、材科 0601 班李向东、材科 sy0701 班陈文书、材科 sy0701 班卜凡兴、材科 0902 班尹凯和材科 0901 班李坚涛等，在教学相长的过程中我们也得到了提高。此外已经毕业的硕士研究生张静、高新生和万利军等同学参与了早期的部分工作，在此特别感谢他们为本书做出的贡献。

  本书可作为材料科学与工程专业高年级本科生、研究生的实验教材和学习计算机在材料科学与工程中应用的参考书，也可作为材料科研人员将材料学与计算机应用有机结合的参考书。由于计算机在材料科学研究领域中的应用内容十分广泛，加之编者掌握的资料有限，书中疏漏和不妥之处在所难免，恳请广大读者批评指正。

  本书实验中所使用的文件在 www.cmpedu.com 中供使用该教材的教师下载，以便在教学中演示使用。

编 者

yeweip@whut.edu.cn

目 录

前言
实验 1　Origin 实验数据分析 …………… 1
实验 2　MATLAB 矩阵与材料配料 ……… 6
实验 3　MATLAB 材料检测信号处理 … 10
实验 4　MATLAB 模块编程与相变
　　　　过程分析 ……………………… 15
实验 5　材料实验数据方差分析 ………… 21
实验 6　材料合成制备正交实验设计 …… 26
实验 7　材料研究中的曲线拟合与
　　　　建模 …………………………… 36
实验 8　材料组织参数数字图像分析 …… 44
实验 9　理想溶液二元相图计算 ………… 50
实验 10　Thermo–Calc 软件
　　　　 相图计算 ……………………… 55
实验 11　连续冷却转变图
　　　　 （CCT 曲线）测定 …………… 59
实验 12　刃型位错应力场分量
　　　　 模拟分析 ……………………… 64
实验 13　位错之间弹性交互作用的
　　　　 模拟分析 ……………………… 67
实验 14　材料分子动力学（MD）
　　　　 模拟初步 ……………………… 70
实验 15　Materials Studio 晶体结构
　　　　 模型建立 ……………………… 74
实验 16　二维温度场的数值模拟 ……… 80
实验 17　二维浓度场的数值模拟 ……… 88
实验 18　二维薄板凹槽应力场分析 …… 92
实验 19　热障涂层热传导蒙特卡
　　　　 罗法模拟 ……………………… 97
实验 20　热喷涂熔滴表面沉积残余
　　　　 应力分析 ……………………… 105
实验 21　冷热水混合器热流交换计算
　　　　 流体力学（CFD）分析 ……… 115
实验 22　拉曼光谱晶体结构分析 ……… 122
实验 23　红外光谱特征峰标识与
　　　　 基团分析 ……………………… 125
实验 24　太阳能选择性吸收涂层吸收率
　　　　 和发射率分析 ………………… 127
实验 25　材料 X 射线衍射物相标定
　　　　 数据分析 ……………………… 131
实验 26　析出转变动力学模型建立 …… 135
实验 27　人工神经网络材料设计
　　　　 优化与建模 …………………… 138
实验 28　用 LabVIEW 设计淬火冷却介质
　　　　 冷却特性测试系统 …………… 148
实验 29　材料研究中的网络
　　　　 资源应用 ……………………… 153
参考文献 ………………………………… 157

目 录

前言

实验 1 认识 Matlab 界面 1
实验 2 MATLAB 矩阵与数组运算 5
实验 3 MATLAB 的程序设计方法与流程 10
实验 4 MATLAB 模拟信号与系统
       综合实验 15
实验 5 运算放大器接线及使用 17
实验 6 有源与无源信号滤波电路 18
实验 7 晶闸管可控整流触发电路与
       原理 30
实验 8 基本振荡电路综合应用实验 41
实验 9 函数信号发生二元相图分析 50
实验 10 Thermo-Calc 软件
        相图计算 55
实验 11 金属冷却曲线实
        OCT 电光调制 59
实验 12 刀具切削过程应力分析
        预应力 65
实验 13 低速汽轮机转子振动特性测定
        参数分析 69
实验 14 材料力学动力学(MD)计算
        模拟实验 70
实验 15 Materials Studio 晶体建构
        模型建立 74

实验 16 二叉树算法下的数据结构 80
实验 17 二级放大电路的仿真与实验 87
实验 18 二阶有源电路的仿真与实验 91
实验 19 热电阻温度传感器测温 95
实验 20 热时系统数字图像获取及
        处理分析 101
实验 21 冷轧动态电阻应变仪设计 107
实验 22 磁控溅射薄膜生长分析 115
实验 23 CDY 光栅衍射实验 122
实验 24 X 射线荧光材料性能发置检测
        程序分析 125
实验 25 有机气相沉积薄膜生长相
        程序分析 131
实验 26 布拉格衍射的变换与衍射测试 135
实验 27 人工海岸侵蚀抗烦扰剂
        防化实验系 139
实验 28 用 LabVIEW 设计供水控制系统
        各环节检测调试实验 145
实验 29 材料用医学中的阴极
        防腐应用 155

参考文献 157

实验 1　Origin 实验数据分析

1. 实验目的

1) 熟悉 Origin 软件工作簿、图表、函数曲线等窗口。
2) 用 Origin 进行材料数据分析和处理。

2. 实验原理概述

Origin 软件已为当今全世界数以万计的科技工作者和工程技术人员所使用,与其他科技绘图及数据处理分析软件相比,它具有赏心悦目的简洁界面和功能强大的科技绘图及数据处理功能两大最重要的品质,能充分满足科技工作者的需求。此外 Origin 软件容易掌握,兼容性好,因此成为科技工作者首选的科技绘图及数据处理软件。

新建一个"Project",打开一个工作簿"workbook"窗口。该窗口由横排栏"Row"和垂直栏"Column"组成。每个单元"Cell"可输入数字文本、日期或时间。每个"Project"可包括工作簿、图表、函数曲线等窗口。有关 Origin 软件的使用请参看参考文献 [1]。

3. 绘图举例

在一定照度下,光敏电阻两端所加的电压与光电流之间的关系称为伏安特性。表 1-1 列出了实验中测得的光敏电阻在不同照度($\alpha = 0° \sim 90°$)下的伏安特性。试用 Origin 软件对光敏电阻在一定照度下的伏安特性进行绘图并分析。

表 1-1　光敏电阻在不同照度下的伏安特性

U/V	I_{ph}/mA $\alpha = 0°$	I_{ph}/mA $\alpha = 30°$	I_{ph}/mA $\alpha = 60°$	I_{ph}/mA $\alpha = 90°$
2	1.496	1.269	0.699	0.022
4	3.003	2.540	1.400	0.045
6	4.528	3.835	2.114	0.069

（续）

U/V	I_{ph}/mA $\alpha=0°$	I_{ph}/mA $\alpha=30°$	I_{ph}/mA $\alpha=60°$	I_{ph}/mA $\alpha=90°$
8	6.072	5.146	2.827	0.093
10	7.644	6.467	3.555	0.117
12	9.130	7.809	4.290	0.143
14	10.846	9.274	5.027	0.168
16	12.528	10.680	5.782	0.193
18	14.214	12.179	6.550	0.218
20	15.730	13.280	7.178	0.273

（1）输入数据　打开 Origin 软件，将实验数据按图 1-1 所示输入工作表 "Sheet1"。

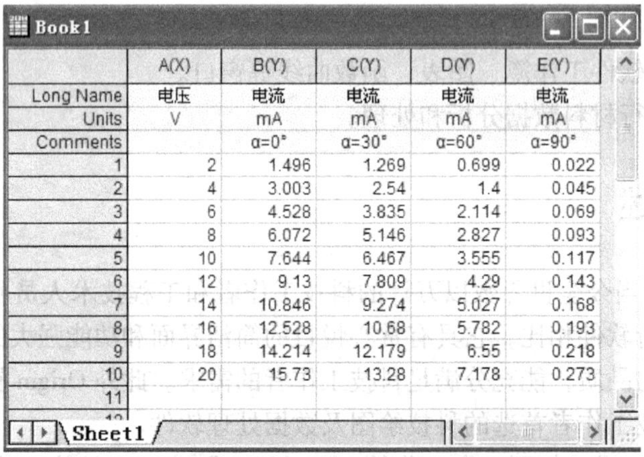

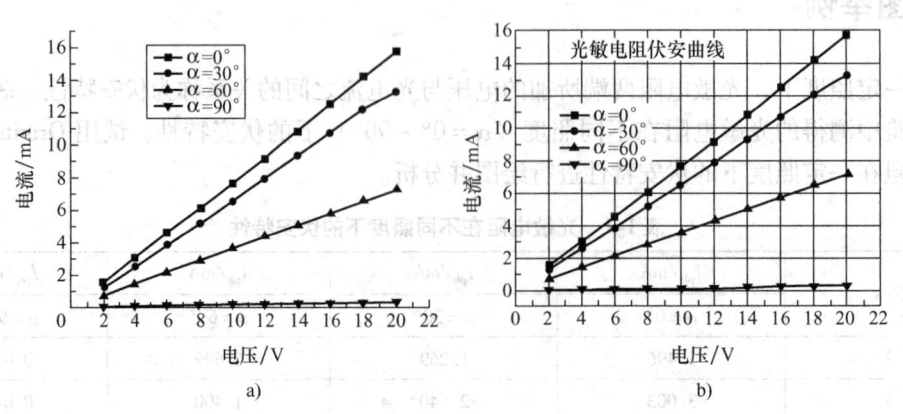

图 1-1　实验数据输入工作表 "Sheet1"

（2）作图　用鼠标选中工作簿中的数据，选择菜单命令 "Plot" → "Line + Symbol" 作图，得到图 1-2a。根据需要，对图的坐标轴、图例等进行修饰完善操作，得到图 1-2b。

图 1-2　光敏电阻在一定照度下的伏安特性曲线
a）初步绘制的曲线　b）修饰完善后的曲线

（3）分析 在一定照度下，测量范围内光敏电阻的电压与光电流呈线性关系，改变照度对光敏电阻的伏安特性影响较大。

4. 练习及思考题

1）某材料的力学性能随加热温度的变化见表1-2，请绘出相应的双 Y 轴图形，并分析图形。

表1-2 某材料的力学性能随加热温度的变化

温度 X/K	400	500	525	550	575	600	625	650
硬度 Y_1 HRC	54.2	55.8	56.3	57	55.7	51.7	52.8	48.8
冲击吸收能量 Y_2/J	115	118	120	124	129	122	120	119

2）A、B 和 C 三家公司生产的 D2 型模具钢淬火、回火后心部至表面的冲击吸收能量数据见表1-3，试绘出不同公司产品冲击吸收能量的对比曲线并进行分析。

表1-3 三家公司生产的 D2 型模具钢淬火、回火后心部至表面的冲击吸收能量数据

（单位：J）

公司名称	心部	$R/2$ 处	表面
A 公司	33	42	63
B 公司	48	55	34
C 公司	30	50	85

3）CaF_2 的平均晶粒直径与退火温度的关系见表1-4，请作图分析退火温度对晶粒直径的影响规律。

表1-4 CaF_2 的平均晶粒直径与退火温度的关系

退火温度/℃	920	1050	1150	1200	1300
晶粒直径/mm	0.028	0.045	0.085	0.145	0.17

4）镍合金在 0.1atm（1atm=101.325kPa）的氧气中氧化增量的实验数据见表1-5。假设镍合金氧化速率符合抛物线方程，请作图和求出反应速度方程。

表1-5 镍合金在 0.1atm 的氧气中氧化增量的实验数据 （单位：$\mu g/cm^2$）

温度/℃	时间/h			
	1	2	3	4
550	9	13	15	20
600	17	23	29	36
650	29	41	50	65
700	56	75	88	106

5）某材料样品的初始磁化曲线和样品的磁滞回线测量数据分别见表1-6和表1-7。用

Origin 软件绘出磁滞回线曲线[2] [提示：利用公式 $H = \left(NI - \dfrac{Bl_g}{\mu_0}\right)/\bar{l}$ 计算得到 H。公式中 l_g（缝隙长度）$=2.00\text{mm}$，$\bar{l}$（平均磁路长度）$=23.794\text{cm}$，N（磁化线圈总匝数）$=2000$ 匝，μ_0（真空磁导率）$=4\pi\times10^{-7}\text{H/m}$。参考答案参见图 1-3 和参考文献［2］]。

表 1-6 样品的初始磁化曲线测量数据

I/mA	0	50	100	150	200	250	300	350	400	450	500	550	600.1
B/mT	0	13.5	30.4	59.2	91.7	130.1	172.5	212.8	253.5	292.9	330.3	362.9	389.7

表 1-7 样品的磁滞回线测量数据

I/mA	600.2	550	500	449.8	399.5	349.8	300	250	200	150	100.1
B/mT	392.8	386.4	378.9	370	359.2	345.8	328.6	305.9	275.4	242.2	202.9
I/mA	50	0	−50	−100	−150.4	−200	−250.2	−300.3	−350	−400.3	−450
B/mT	158.7	114.5	67.3	20.2	−27.1	−73.7	−120.6	−166.9	−211.8	−255.5	−296.6
I/mA	−500.2	−550.4	−600.4	−550	−500	−450	−400	−350	−300	−250	−200
B/mT	−335.2	−368	−395.2	−389.3	−381.9	−372.9	−362.1	−348.5	−330.8	−307.7	−277.9
I/mA	−150	−100	−50	0	50	100	150	200	250	300	350
B/mT	−242.2	−201.8	−158.2	−112.5	−65.7	−18.6	28.1	75	121.9	168.1	213.3
I/mA	400	450	500	550	600	—	—	—	—	—	—
B/mT	256.9	298.1	335.6	366.7	392.6	—	—	—	—	—	—

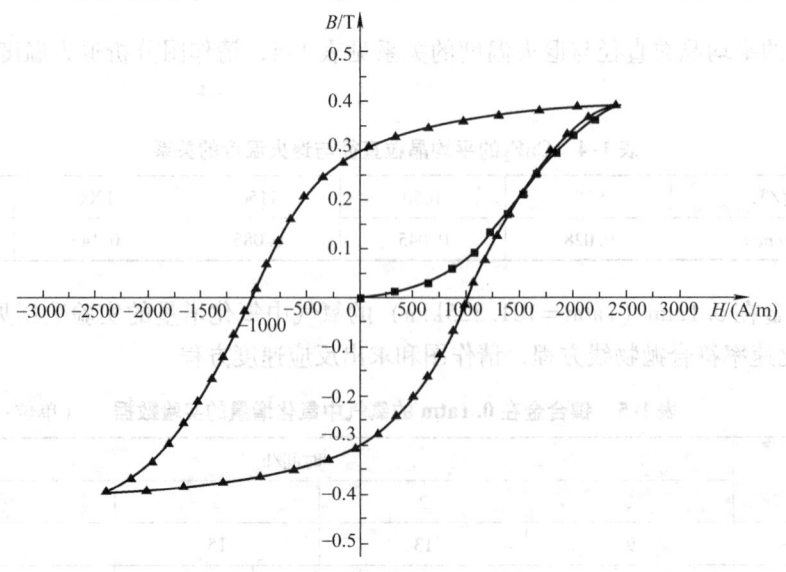

图 1-3 某材料的磁滞回线

6) 通过感应电动势随温度变化曲线上的切线可以确定材料的居里点。实验采用居里点测试仪测量并记录的某半导体铁磁材料感应电动势（ε_eff）与实验温度（T）的关系见表 1-8。试根据实验数据确定该材料的居里点。

表 1-8　某半导体铁磁材料感应电动势（ε_{eff}）与实验温度（T）的关系

T/K	297.6	302.6	307.6	312.6	317.6	322.6	327.6	332.6
ε_{eff}/V	191	192	192	192	191	189	187	185
T/K	337.6	342.6	347.6	352.6	357.6	362.6	367.6	368.6
ε_{eff}/V	182	178	173	165	156	144	129	126
T/K	369.6	370.6	371.6	372.6	373.6	374.6	375.6	376.6
ε_{eff}/V	122	117	112	106	98	87	70	49
T/K	377.6	378.6	379.6	380.6	381.6	382.6	383.6	384.6
ε_{eff}/V	31	21	14	10	7	4	3	2

提示：根据测试原理，绘制感应电动势（ε_{eff}）与实验温度（T）的关系曲线，并作该曲线各点的切线，其中最大斜率的切线与横坐标（温度）的交点即为该材料的居里点。

在 Origin 官方网站下载切线插件（tangent.opk）进行安装，在曲线上某点双击，即得到过该点的切线。通过该方法可以得到曲线上任意点的斜率。采用切线插件得到最大斜率附近点的斜率见表 1-9，由此可得出具有最大斜率的直线与横坐标（温度）的交点（居里点）为 T_C = 379.16K，如图 1-4a 所示。

试在 Origin 软件中采用微分方法求出曲线的微分曲线，从微分曲线上求出最大斜率，验证用切线插件得到的该材料的居里点，如图 1-4b 所示。

表 1-9　最大斜率附近点的斜率

T/K	374.6	375.6	376.6	377.6	378.6
斜率	−14	−19	−19.5	−14	−8.5

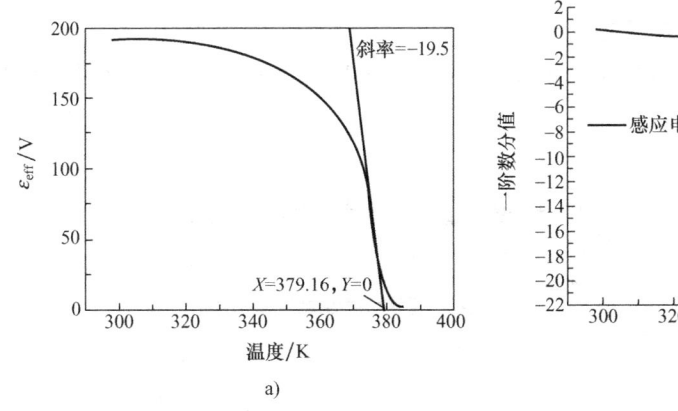
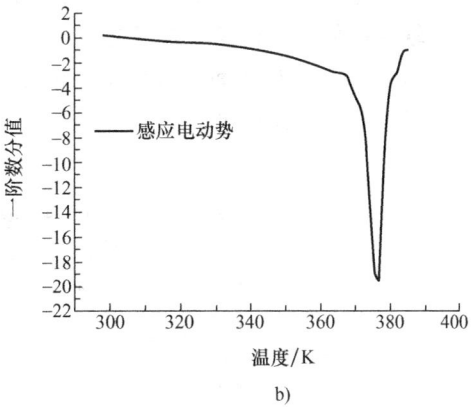

图 1-4　材料的居里点确定
a）切线插件方法　b）微分方法

实验 2

MATLAB 矩阵与材料配料

1. 实验目的

1）了解 MATLAB 软件基本功能，掌握其矩阵运算操作。
2）用 MATLAB 的矩阵功能解决材料配料问题。

2. 实验原理概述

MATLAB 是由 MathWorks 公司于 1984 年推出的一套数值计算软件，它是一个优秀的集易用性、可靠性、通用性与专业性于一体的软件。MATLAB 的取名来源于 Matrix Laboratory（矩阵实验室），其具有强大的矩阵运算能力，使矩阵运算非常简单。在美国，MATLAB 已作为工科大学生必修的计算机语言（C，FORTRAN，ASSEMBLER，MATLAB）之一。有关 MATLAB 软件的使用，请参看参考文献 [3]。

（1）MATLAB 工作界面　MATLAB 的工作界面如图 2-1 所示，它包括工作区窗口、菜单栏、工具栏和命令窗口等。

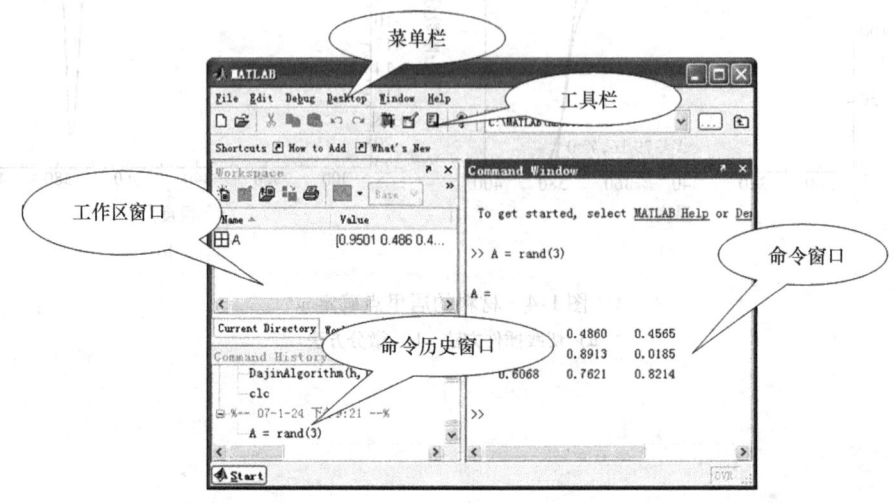

图 2-1　MATLAB 的工作界面

（2）MATLAB 数学运算　MATLAB 软件的变量命名规则、数学运算符号等在很多方面与 C 语言有很大的相同之处，表 2-1 仅列出了其常用的数学运算符号（注意有些运算符号是其他软件所没有的，例如点乘、点除和点乘幂等）。

表 2-1　MATLAB 软件常用的数学运算符号

加法	减法	乘法	点乘	除法	右除	乘幂	点乘幂	左除
+	-	*	.*	/	./	^	.^	.\

（3）MATLAB 的矩阵　在 MATLAB 的矩阵中，逗号或空格用于分隔某一行的元素，分号用于区分不同的行。除了分号，在输入矩阵时，按 Enter 键也表示开始新的一行。输入矩阵时，要求每一行中的元素相同。

熟悉 MATLAB 矩阵中元素的操作，例如矩阵 A 的第 r 行用 $A(r,:)$ 表示，矩阵 A 的第 r 列用 $A(:,r)$ 表示；还要熟悉矩阵的运算等。

（4）MATLAB 的控制流　熟悉 MATLAB 的控制流。MATLAB 的控制流包括 for 循环、while 循环、if – else – end 结构等，熟悉这些对编写 MATLAB 程序有着极其重要的作用。

（5）MATLAB 的二维图形　MATLAB 的二维图形命令为 plot（x，y，string），其中 x、y 参数是向量，表示绘图数据的横坐标和纵坐标，string 为用单引号括起来的字符串，用来指定图形的属性（点、线的形状和颜色）。

3. 计算举例

（1）标量与数组运算

设：$a = [a_1, a_2, \cdots, a_n], c = $ 标量

$a + c = [a_1 + c, a_2 + c, \cdots, a_n + c]$

$a.*c = [a_1 * c, a_2 * c, \cdots, a_n * c]$

$a./c = [a_1/c, a_2/c, \cdots, a_n/c]$

$a.\backslash c = [c/a_1, c/a_2, \cdots, c/a_n]$

$a.\hat{}\,c = [a_1\hat{}\,c, a_2\hat{}\,c, \cdots, a_n\hat{}\,c]$

$c.\hat{}\,a = [c\hat{}\,a_1, c\hat{}\,a_2, \cdots, c\hat{}\,a_n]$

（2）数组与数组运算

设：$a = [a_1, a_2, \cdots, a_n]$，$b = [b_1, b_2, \cdots, b_n]$

$a + b = [a_1 + b_1, a_2 + b_2, \cdots, a_n + b_n]$

$a.*b = [a_1 * b_1, a_2 * b_2, \cdots, a_n * b_n]$

$a./b = [a_1/b_1, a_2/b_2, \cdots, a_n/b_n]$

$a.\backslash b = [b_1/a_1, b_2/a_2, \cdots, b_n/a_n]$

$a.\hat{}\,b = [a_1\hat{}\,b_1, a_2\hat{}\,b_2, \cdots, a_n\hat{}\,b_n]$

（3）矩阵基本运算

a = [1 2;3 4];b = [3 5; 5 9]

c = a + b

c =

$$a = \begin{matrix} 4 & 7 \\ 8 & 13 \end{matrix}$$

d = a − b

$$d = \begin{matrix} -2 & -3 \\ -2 & -5 \end{matrix}$$

a * b = [13 23;29 51]

a/b = [−0.50 0.50;3.50 −1.50]

a\b = [−1 −1;2 3]

a^3 = [37 54;81 118]

a. * b = [3 10;15 36]

a. /b = [0.33 0.40;0.60 0.44]

a. \b = [3.00 2.50;1.67 2.25]

a.^3 = [1 8;27 64]

注意：矩阵的普通乘法要求参与运算的矩阵满足线性代数中矩阵相乘的原则。

4. 练习及思考题

1) 玻璃实验配料的计算。某 $Na_2O - CaO - SiO_2$ 系统玻璃的设计成分见表2-2，要求在实验室用化工原料进行熔制。化工原料的成分见表2-3。采用 MATLAB 软件计算熔制 100g 玻璃液需要各种化工原料的用量（参考答案见表2-4）。

表2-2 玻璃的设计成分

氧化物	SiO_2	CaO	MgO	Al_2O_3	Na_2O
质量分数（%）	71.5	5.5	1	3	19

表2-3 化工原料的成分

原料名称	各成分质量分数（%）				
	SiO_2	$CaCO_3$	$MgCO_3$	$Al(OH)_3$	Na_2CO_3
石英砂	99.78	—	—	—	—
碳酸钙	—	99	—	—	—
碳酸镁	—	—	99.5	—	—
氢氧化铝	—	—	—	99.5	—
纯碱	—	—	—	—	98.8

表2-4 熔制100g玻璃液的配料单

化工原料	石英砂	碳酸钙	碳酸镁	氢氧化铝	纯碱	合计
用量/g	71.66	9.92	2.1	4.61	33.98	122.27

2）用 A、B、C 三种原料配制陶瓷坯料。陶瓷坯料和 A、B、C 三种原料组成见表 2-5，试用 MATLAB 软件矩阵求出三种原料配比（提示：设配料 100kg 时，需要原料 A、原料 B 和原料 C 分别为 $x$kg、$y$kg 和 $z$kg。参考答案：原料 A 质量分数为 47.14%，原料 B 质量分数为 33.87%，原料 C 质量分数为 18.99%）。

表 2-5　陶瓷坯料和 A、B、C 三种原料组成（质量分数）　　　　　（%）

类别	R_2O	Al_2O_3	SiO_2
坯料	4.5	26.2	69.3
原料 A	2.44	16.8	80.76
原料 B	2.59	41.35	56.06
原料 C	13.02	22.51	64.47

3）玻璃配料矩阵求解。某平板玻璃配料方程组以 100kg 玻璃液为计算基础，根据计算得到该玻璃的成分配料方程组为

$89.70x_1 + 98.76x_2 + 1.73x_3 + 0.69x_4 + 0x_5 + 1.16x_6 + 16.398x_7 + 0x_8 = 7240$

$5.12x_1 + 0.56x_2 + 0.29x_3 + 0.15x_4 + 0x_5 + 0.29x_6 + 2.03x_7 + 0x_8 = 210$

$0.44x_1 + 0.14x_2 + 0.71x_3 + 31.57x_4 + 0x_5 + 0.50x_6 + 51.56x_7 + 0x_8 = 640$

$0.15x_1 + 0.02x_2 + 46.23x_3 + 20.47x_4 + 0x_5 + 0.37x_6 + 0x_7 + 0x_8 = 420$

$3.66x_1 + 0.19x_2 + 0x_3 + 0x_4 + 59.79x_5 + 41.47x_6 + 0x_7 + 0x_8 = 1450$

$0x_1 + 0x_2 + 0x_3 + 0x_4 - 8.69x_5 + 32.25x_6 + 0x_7 + 0x_8 = 0$

$0x_1 + 0x_2 + 0x_3 + 0x_4 + 0x_5 + 4.466x_6 - 0x_7 - 84.11x_8 = 0$

$0x_1 + 0x_2 + 0x_3 + 0x_4 + 0x_5 + 0x_6 + 70.28x_7 + 0x_8 = 103.03$

方程组中的 x_1 为石英砂质量（kg），x_2 为砂岩质量（kg），x_3 为菱镁石质量（kg），x_4 为白云石质量（kg），x_5 为纯碱质量（kg），x_6 为芒硝质量（kg），x_7 为萤石质量（kg），x_8 为煤粉质量（kg）。试采用 MATLAB 软件矩阵求解方程并求出原料配比（参考答案见表 2-6 和参考文献 [4]）。

表 2-6　平板玻璃原料配比（总质量 100kg）

配料	石英砂 x_1	砂岩 x_2	菱镁石 x_3	白云石 x_4	纯碱 x_5	芒硝 x_6	萤石 x_7	煤粉 x_8
质量/kg	35.105	40.988	1.334	17.107	18.764	4.626	1.466	0.246

实验 3

MATLAB 材料检测信号处理

1. 实验目的

1) 熟悉 MATLAB 的函数和编程，学会分析和处理随时间变化信号的方法。
2) 对材料检测中的信号数据进行滤波并进行分析，掌握信号处理的基本技术。

2. 上机练习

材料检测得到的随时间变化的信号数据通常都含有噪声或其他系统干扰，试采用 MATLAB 软件和不同的方法，对实际材料检测中的信号数据进行处理，以便进一步分析信号数据。实验参考资料来自参考文献 [5] 中 "Project_ 02. zip" 压缩文件中的材料检测信号数据文件 "tek00029. dat"。

（1）用 MATLAB 读取 tek00029. dat 文件作散点图 在这个数据文件中，第一列是时间（s），第二列是电压。作图时将 x 轴数据转化成以 ns 为单位，并将数据右移，以确保无负值。在命令区间输入：

```
%%%%%%%%%%%%%%%%%%%%%%%%%%%%%%%%%%%%%%%
format long;
tmp = dlmread('tek00029. dat',',');
time = tmp( :,1)';
time = (time +5e -008) *10^9;
voltage = tmp( :,2)';
plot( time,voltage,'. ');
%%%%%%%%%%%%%%%%%%%%%%%%%%%%%%%%%%%%%%%
```

用 tek00029. dat 数据绘制的散点图如图 3-1 所示。

（2）从图 3-1 分析数据中存在的信号和噪声 信号位于右移后横坐标 50 ~ 150 之间的平顶区间，噪声在整个区间 0 ~ 500 内保持相对低的振幅而一直存在。现需要编写函数 CalcNoise（yData, t0, t1），对 t0 ~ t1 之间的数据进行采样分析，并返回其平均值和标准差 $S_y = \sqrt{\dfrac{\sum (y_i - \bar{y})^2}{n-1}}$。CalcNoise 函数为：

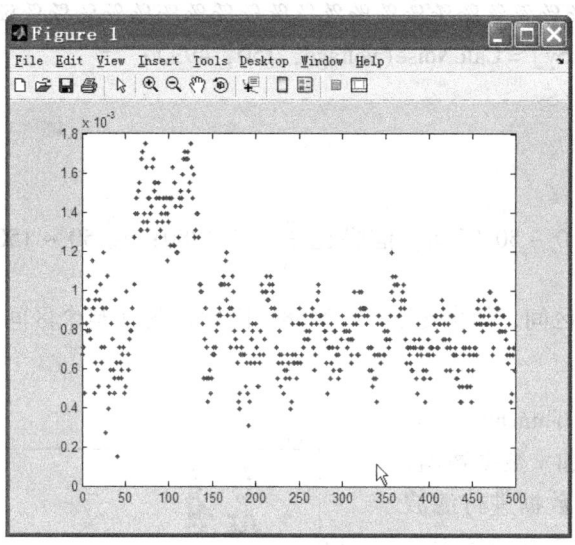

图 3-1 用 tek00029.dat 数据绘制的散点图

%%%%%%%%%%%%%%%%%%%%%%%%%%%%%%%%%%%%%
% CalcNoise.m
function [mean_y, Sy] = CalcNoise(yData, t0, t1)
clc;

mean_y = mean(yData(t0 + 1:t1 + 1));
Sy = std(yData(t0 + 1:t1 + 1));
%%%%%%%%%%%%%%%%%%%%%%%%%%%%%%%%%%%%%

保存为 CalcNoise.m 函数，在命令窗口输入：

[mean_y, Sy] = CalcNoise(voltage, 50, 150);

则输出：

mean_y = 0.00127039606055

Sy = 3.537906733097949e − 004

（3）分析对比数据中平顶区间和平顶区间以外的信噪比 $\dfrac{\overline{y}}{S_y}$ 在命令窗口输入：

>> mean_y/Sy

ans =
3.5908

%%%%%%%%%%%%%%%%%%%%%%%%%%%%%%%%%%%%%
% [mean_y, Sy] = CalcNoise(voltage, 0, 50);
>> mean_y/Sy

ans =
3.1880

```
%%%%%%%%%%%%%%%%%%%%%%%%%%%%%%%%
% [mean_y, Sy] = CalcNoise(voltage, 150, 499);
>> mean_y/Sy
ans =
4.7458
```

分析结果是：在 0 ~ 50 区间，信噪比 $\frac{\bar{y}}{S_y}$ = 3.1880；在 50 ~ 150 区间，信噪比 $\frac{\bar{y}}{S_y}$ = 3.5908；在 150 ~ 500 区间，信噪比 $\frac{\bar{y}}{S_y}$ = 4.7458。因此认为在整个区间 0 ~ 500，都具有较大的信号噪声。

（4）编写函数 ThinOut（x0, y0, n）采用接受 x 和 y 数据数组，返回隔 n 个数据读取数据进行滤波的方法，用 n = 5 的数据在原图上绘制实线图，以观察噪声是否被消除。用信噪比 $\frac{\bar{y}}{S_y}$ 分析该滤波数据的噪声能否消除。图 3-2 所示为取 n = 5 的数据在原散点图上绘制折线图，表 3-1 对比了滤波数据和原始数据的信噪比。从图 3-2 和表 3-1 中都可以看出，采用返回隔 n 个数据读取数据进行滤波的方法基本没有达到效果。

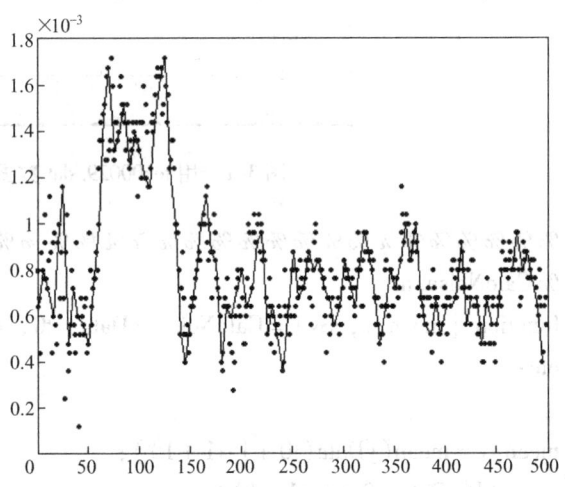

图 3-2　取 n = 5 的数据在原散点图上绘制折线图

绘制折线图的函数命令为：

```
%%%%%%%%%%%%%%%%%%%%%%%%%%%%%%%%
% ThinOut.m
function [new_time, new_voltage] = ThinOut(x0,y0,n)
n = 5;
i = 0;
new_time = linspace(0,0,500/5);
new_voltage = linspace(0,0,500/5);

while (i < 500),
    disp(i);
    if (mod(i,n) = =0),
        new_time(fix(i/n) +1) = x0(i +1);
        new_voltage(fix(i/n) +1) = y0(i +1);
    end
```

        i = i + 1;
end
%%%%%%%%%%%%%%%%%%%%%%%%%%%%%%%%%%
%   plot(time,voltage,'.b',new_time,new_voltage,'r');

表3-1 滤波数据和原始数据的信噪比

时间/ns		0~50	50~150	150~499
$\bar{y}/S_y$	滤波前	3.1880	3.5908	4.7458
	滤波后	3.1880	3.5908	4.7458

(5) 用信号平均法平滑数据进行分析 编写一个函数 BoxCar(y0,n), 通过对每个点求平均值来平滑 y 数组, $y_{i,\text{new}} = \frac{1}{n} \sum_{i-n/2}^{i+n/2} y_i$。平均算法的宽度为 n。作原数据散点图和取 $n=$ 5、20、100 平滑后的数据折线图, 观察采用信号平均法消除噪声的效果。原数据散点图和取 $n=5$、20、100 平滑后的数据折线图如图 3-3 所示。从图 3-3 中可以看出, 当 n 取 20~100 时对数据消除噪声的效果明显, 在 50~150 处显示了平顶区间。

编写的函数为:
%%%%%%%%%%%%%%%%%%%%%%%%%%%%%%%%
% BoxCar.m
function new_voltage_smoothed = BoxCar(y0,n)
clc;
%n = 4; % must be an even number, that is mod(n,2) = =0;
i = 1;
new_voltage_smoothed = linspace(0,0,500);
while(i < =500),
    disp(i);
    if(i < n/2 + 1)
        ss = size(y0(1:i + n/2));
        ss = ss(2);
        new_voltage_smoothed(i) = sum(y0(1:i + n/2))/ss;
        i = i + 1;
        continue;
    elseif(i > 500 - n/2)
        ss = size(y0(i - n/2:500));
        ss = ss(2);
        new_voltage_smoothed(i) = sum(y0(i - n/2:500))/ss;
        i = i + 1;
        continue;
    end
    new_voltage_smoothed(i) = sum(y0((i - n/2):(i + n/2)))/n;

```
        i = i + 1;
    end
%%%%%%%%%%%%%%%%%%%%%%%%%%%%%%%%%
new_voltage_smoothed_n5 = BoxCar(new_voltage_resample,4);
new_voltage_smoothed_n20 = BoxCar(new_voltage_resample,20);
new_voltage_smoothed_n100 = BoxCar(new_voltage_resample,100);
figure(2);
plot(time,voltage,'.b',time,new_voltage_smoothed_n5,'r',time,new_voltage_smoothed
_n20,'y',time,new_voltage_smoothed_n100,'g');
```

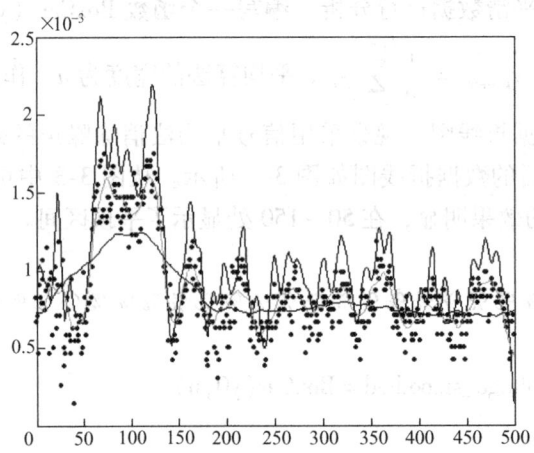

图 3-3　原数据散点图和取 $n = 5$、20、100 平滑后的数据折线图

3. 练习及思考题

分析采用信号平均法平滑滤波数据对信噪比 $\dfrac{\bar{y}}{S_y}$ 的影响（参考答案见表 3-2）。从信噪比 $\dfrac{\bar{y}}{S_y}$ 分析得出，当 n 取 20～100 时，平滑信噪比增加了；进一步增大 n 值进行分析可以发现，$n > 100$ 时，在 50～150 处平顶区间数据有失真现象。

表 3-2　采用信号平均法平滑滤波数据后的信噪比 $\dfrac{\bar{y}}{S_y}$

时间/ns		0～50	50～150	150～499
n 取值	5	4.20	3.24	4.75
	20	8.54	4.19	7.21
	100	8.54	14.18	14.22

实验 4

MATLAB 模块编程与相变过程分析

1. 实验目的

1）熟悉 MATLAB 的函数和模块化编程。
2）用模块化编程方法对材料相变过程进行分析。

2. 上机练习

实验参考资料来自参考文献［5］中的"Project_01.zip"压缩文件，其中包括实验数据"Decay925_a3.dat"和"p_25kv.csv"数据文件。

（1）MATLAB 常量及精度　MATLAB 有很多初始化定义的常量，例如用"exp（1）"查询常量 e 的默认值：

>> exp(1)
ans =
    2.7183

如将 MATLAB 的精度设置为全精度（format long），检查"exp（1）"返回值有效数字的位数：

>>format long
>> exp(1)
ans =
    2.71828182845905

MATLAB 中正的极小值被称为 ε，常用作计算中精度的上限，用"eps"命令可查看其值：

>> eps
ans =
    2.220446049250313e-016

（2）MATLAB 的 M 文本文件　MATLAB 的 M 文件通常可由函数定义语句、H1 帮助行、帮助文本、函数体或程序代码语句和注释语句五个部分组成。一个完整的 M 文件的结构为

function f = fact(n)函数定义语句

% Compute a factorial value. H1 行

% FACT(N) returns the factorial of N,帮助文本

% usually denoted by N!

% Put simply,FACT(N) is PROD(1:N). 注释语句

f = prod(1:n);函数体

(3) 简单 MATLAB 函数和模块编程　学会 MATLAB 函数（即.m 文件）的编写非常重要。下面的几个例子编写简单的 MATLAB 函数，进行简单的计算，然后返回一个数值，并进行绘图。

1) 编写一个函数 AddTwo，返回所给两个参数的和。

程序为

    % AddTwo. m

    function result = AddTwo(x, y)

    result = x + y;

2) 编写一个函数 AddThree，返回所给三个参数的和，要求通过调用 AddTwo 来完成。程序为：

% AddThree. m

function result = AddTwo(x,y,z)

result = AddTwo(AddTwo(x,y),z);

3) 编写一个函数 ParametricFunc (x)，用输入的 x 计算函数 a * exp (b * x) + c 的值。在函数中要设置可调整的常量 a、b、c。用所编写的函数绘图，a、b 的值为合理的固定值，改变 b 的值观察曲线的变化。程序为：

    % ParametricFunc. m

    function result = ParametricFunc(x)

    a = 2;

    b = 0. 2;

    c = -2;

    result = a * exp(b * x) + c;

    % function end;

    %%%%%%%%%%%%%%%%%%%%%%%%%%%%%%%%%%%%%

    % x = -3:0. 1:3

    % plot(x, ParametricFunc(x));

4) 用 MATLAB 编写一个函数，用无穷级数（麦克劳林级数）展开计算 e^x ($e^x = 1 + x + \frac{x^2}{2!} + \frac{x^3}{3!} + \cdots \frac{x^n}{n!} + \cdots$)。该函数接受一个整数参数 n 和一个（双）浮点型参数 x，返回 n 指定 e^x 的值。计算任意 x 时能得出准确 exp (x) 的 n 值，并绘制 n 随 x 变化的曲线，绘图输出结果如图 4-1 所示。

程序为：

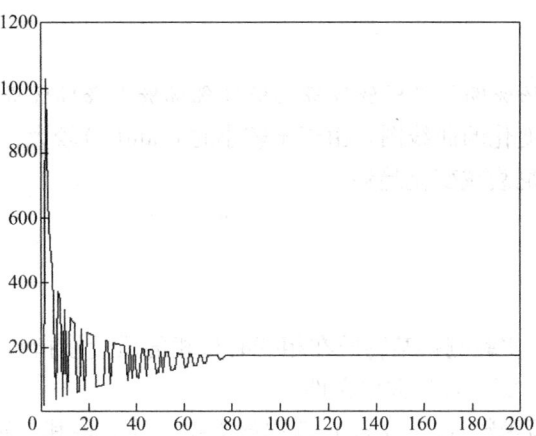

图 4-1 MATLAB 编写用无穷级数展开计算 e^x 函数

```
%getexp(n,x).m
function result = getexp(n,x)
i = 0;
result = 0;
while(i < = n),
result = result + x^i/prod(1:i);
i = i + 1;
end
%%%%%%%%%%%%%%%%%%%%%%%%%%%%%%%%%%%%%
% >  getexp(2,1)
% ans =
%    2.50000000000000
```

可以用 MATLAB 中的内置函数直接计算 e^x，进行比较。程序为：

```
> > exp(1)

ans =

2.71828182845905
```

```
%%%%%%%%%%%%%%%%%%%%%%%%%%%%%%%%
%evaln.m
```
%计算任意 x 时能得出准确 exp(x) 的 n 值。
```
function result = evaln(x)
i = 1;
while (abs(getexp(i,x) - exp(x)) > = eps),
i = i + 1;
```

```
end
result = i;
```
%%%%%%%%%%%%%%%%%%%%%%%%%%%%%%
% 绘制 n 随 x 变化的曲线图。由于 x 较小时 evaln(x) 较大，程序开始可能较慢。
% 结果呈现阻尼衰减变化趋势。

3. 练习及思考题

1) 相变规律分析。实验测得某物质在相变时母相的质量按指数规律下降，采集的实验数据保存在"Decay925_ a3.dat"数据文件中。

① 用 MATLAB 编写函数（.m 文件）读取该数据文件，将其分别按时间 time（ns）、原材料母相的质量减少量 decay 两列数据保存，并绘制图形，如图 4-2a 所示。

② 编写一个函数，用 $a\exp(-bt)+c$ 指数函数拟合曲线，其编写函数形式为 FitSegment(x, y, i0, i1)，其中 x 和 y 是原实验数据，i0 和 i1 是拟合的部分曲线边界。拟合的图形如图 4-2b 所示。

程序为：

%%%%%%%%%%%%%%%%%%%%%%%%%%%%%%
```
format long;
fid = fopen('decay925_a3.dat');
tmp = (fscanf(fid,'%g',[2 2098]))';
fclose(fid);
time = tmp(:,1);
decay = tmp(:,2);
plot(time,decay);
```
%%%%%%%%%%%%%%%%%%%%%%%%%%%%%%
%%%%%%%%%%%%%%%%%%%%%%%%%%%%%%

```
% FitSegment.m
function result = FitSegment(x,y,i0,i1)
clc;
i = 1;
while(x(i) < i0),
    i = i+1;
end
indexstart = i;

while(x(i) < = i1),
    i = i+1;
end
```

```
indexend = i;

myfunc = inline('beta(1) * exp(-beta(2) * t) + beta(3)','beta','t');
beta = nlinfit(x(indexstart:indexend),y(indexstart:indexend),myfunc,[1 1 1]);
a = beta(1),b = beta(2),c = beta(3)
% test the model
yy = a * exp(-b * x) + c;
plot(x(indexstart:indexend),yy(indexstart:indexend),'r',x(indexstart:indexend),y(indexstart:indexend),'b');
%%%%%%%%%%%%%%%%%%%%%%%%%%%%%%%%%%%%%%%%
%  FitSegment(time',decay,0.1,5000);
```

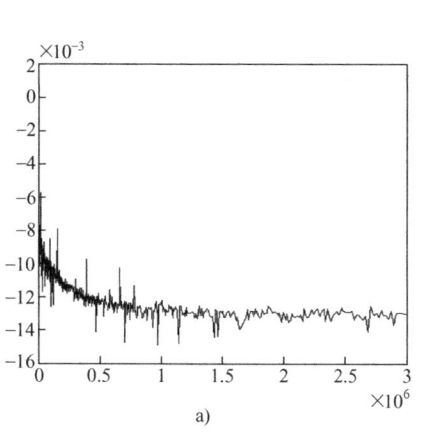
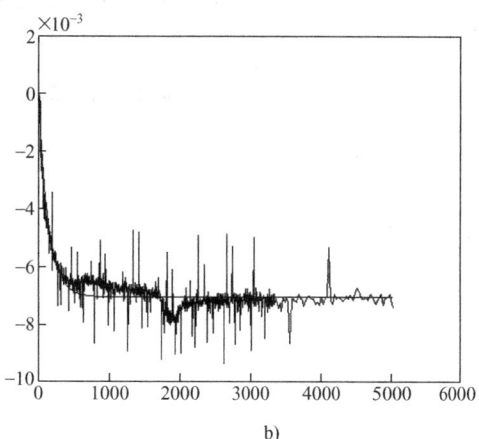

图 4-2 原材料母相的质量减少量
a) 原数据作图 b) 拟合后

2）由示波器记录卤素气体光发射的实验数据（在准分子激光系统中）保存在"p_25kv.csv"数据文件中。该数据由两个间隔几十纳秒的高斯函数 $f(x) = \dfrac{E_0}{\sigma\sqrt{2\pi}}\exp\left[-\dfrac{(x-\mu)^2}{2\sigma^2}\right]$ 叠加而成。由于两个峰重叠在了一起，应用有六个参数 ($E_1, b_1, x_{c1}, E_2, b_2, x_{c2}$) 的双高斯函数进行分析和建模。

（提示：用实验数据作图，定义双高斯函数为 $y = \dfrac{E_1}{b_1\sqrt{2\pi}}\exp\left[-\dfrac{(x-x_{c1})^2}{2b_1^2}\right] + \dfrac{E_2}{b_2\sqrt{2\pi}}\exp\left[-\dfrac{(x-x_{c2})^2}{2b_2^2}\right]$ 参考答案如图 4-3 所示。由实验得出拟合的 $Chi^2 = 0.00014$，拟合偏差较小，$R^2 = 0.98304$，接近1，函数拟合较理想。）

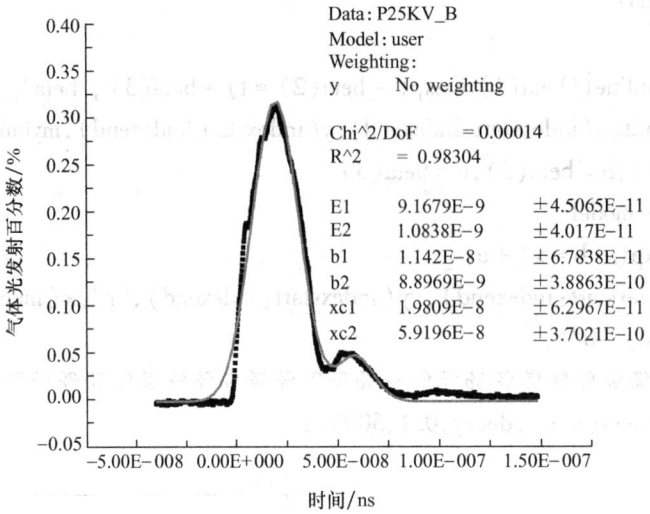

图 4-3 用双高斯函数进行拟合的图形

实验 5

材料实验数据方差分析

1. 实验目的

1) 了解方差分析原理,掌握实验数据方差分析的方法。
2) 分析运算结果,对实验结果作出正确解释。

2. 实验原理概述

设 A 因素有 n 个水平,分别记为 A1、A2、…、An,每个水平重复进行 m 次实验,总共进行了 $n \times m$ 次实验,结果记为 x_{ij}($i=1, 2, \cdots, n$; $j=1, 2, \cdots, m$)。

则总均值为

$$\bar{x} = \frac{1}{nm}\sum_{i=1}^{n}\sum_{j=1}^{m} x_{ij} \tag{5-1}$$

某水平实验结果的平均值为

$$\bar{x_i} = \frac{1}{m}\sum_{j=1}^{m} x_{ij} \tag{5-2}$$

总偏差平方和 Q_T 为

$$\begin{aligned} Q_T &= \sum_{i=1}^{n}\sum_{j=1}^{m}(x_{ij}-\bar{x})^2 = \sum_{i=1}^{n}\sum_{j=1}^{m}[(x_{ij}-\bar{x_i})+(\bar{x_i}-\bar{x})]^2 \\ &= \sum_{i=1}^{n}\sum_{j=1}^{m}(x_{ij}-\bar{x_i})^2 + \sum_{i=1}^{n}m(\bar{x_i}-\bar{x})^2 \\ &= Q_E + Q_A \end{aligned} \tag{5-3}$$

式中,Q_E 为组内偏差平方和,即每个水平下各实验结果与该水平平均值之差的平方和,它反映误差的大小,故又称为误差平方和;Q_A 为组间偏差平方和,它反映水平的改变对实验结果的影响,也称为因素偏差平方和。

方差 S^2 与偏差平方和的关系为 $S^2 = \dfrac{Q}{f}$(f 为自由度),因此得出组内方差 $S_E^2 = \dfrac{Q_E}{f_E}$ [$f_E = n(m-1)$ 为组内偏差平方和的自由度],组间方差 $S_A^2 = \dfrac{Q_A}{f_A}$ ($f_A = n-1$ 为组间偏差平方和的

自由度),总方差 $S_T^2 = \dfrac{Q_T}{f_T}$ ($f_T = nm - 1$ 为总自由度)。

方差分析的指导思想就是根据偏差平方和的加和性,总偏差平方和可以分解为组间偏差平方和与组内偏差平方和,前者反映了因素对实验结果的影响,后者反映了误差对实验结果的影响。根据数学原理对组间偏差平方和与组内偏差平方和进行合理比较,就能分析因素对实验结果的影响程度[6]。

令

$$F = \dfrac{\dfrac{Q_A}{n-1}}{\dfrac{Q_E}{n(m-1)}} = \dfrac{S_A^2}{S_E^2} \tag{5-4}$$

F 值应接近于 1。如果 F 比 1 大得多,表明组间方差比组内方差大得多。如果 $F_{0.01}(f_A, f_E) > F \geqslant F_{0.05}(f_A, f_E)$,由于 $F \geqslant F_{0.05}(f_A, f_E)$ 出现的概率只有 5%,是一个小概率事件,则说明实验条件的改变对实验结果有显著性影响,该因素是显著性因素。如果 $F \geqslant F_{0.01}(f_A, f_E)$,由于 $F \geqslant F_{0.01}(f_A, f_E)$ 出现的概率只有 1%,是一个更小概率事件,则说明实验条件的改变对实验结果有高度显著性影响。如果 $F < F_{0.05}(f_A, f_E)$,则该因素是非显著性因素。$F_a(f_A, f_E)$ 的值可以通过 F 分布表查得到。

3. 实验步骤方法

(1) 实验数据 在 7 个不同的实验室对某材料的铬质量分数进行测量,每个实验室测量了 6 次,测量结果列入表 5-1。试通过方差分析探讨不同实验室因素对测量结果是否有显著性影响。

表 5-1 某材料的铬质量分数测量数据   (%)

测量次数	实验室 1	实验室 2	实验室 3	实验室 4	实验室 5	实验室 6	实验室 7
1	2.065	2.073	2.080	2.097	2.053	2.084	2.052
2	2.081	2.081	2.090	2.109	2.055	2.044	2.061
3	2.081	2.077	2.070	2.073	2.050	2.084	2.073
4	2.064	2.050	2.080	2.089	2.059	2.076	2.036
5	2.107	2.077	2.090	2.097	2.053	2.093	2.048
6	2.077	2.077	2.100	2.097	2.061	2.073	2.040

(2) 方差分析

1) 采用 MATLAB 分析。将实验数据输入的步骤如下:
　　% 输入数据
　　y = [2.065 2.073 2.080 2.097 2.053 2.084 2.052
　　　　2.081 2.081 2.090 2.109 2.055 2.044 2.061
　　　　2.081 2.077 2.070 2.073 2.050 2.084 2.073
　　　　2.064 2.050 2.080 2.089 2.059 2.076 2.036

2.107 2.077 2.090 2.097 2.053 2.093 2.048
2.077 2.077 2.100 2.097 2.061 2.073 2.040]

采用 MATLAB 中的 anova1 方差分析函数进行方差计算。步骤为：

%方差计算

p = anova1(y)

得到方差分析计算结果 $P = 8.11014 \times 10^{-6}$，方差分析结果如图 5-1 所示。

```
                    ANOVA Table
Source    SS       df    MS       F       Prob>F
Columns   0.00833  6     0.00139  8.69    8.11014e-006
Error     0.0056   35    0.00016
Total     0.01393  41
```

图 5-1 方差分析结果

2) 采用 Origin 分析。按图 5-2 所示，在 Origin 工作表中输入实验数据，选择菜单命令 "Statistics"→"ANOVA"→One Way ANOVA 进行分析。在弹出的 "One – Way ANOVA" 对话框中，将 "Available" 栏中所有列选中，单击 "→" 将其加入到 "Selected" 栏中进行分析。设置参数 "Significance"（显著性参数）为 0.05，其余参数可根据需要选择，设置好的 "One – Way ANOVA" 对话框如图 5-3 所示。选择完成后单击 "Compute" 进行计算，即可得到输出结果窗口（图 5-4）。输出结果窗口中的输出结果为

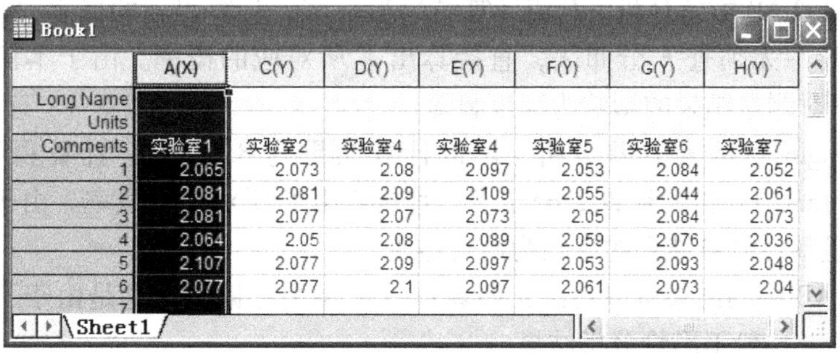

图 5-2 在 Origin 工作表中输入实验数据

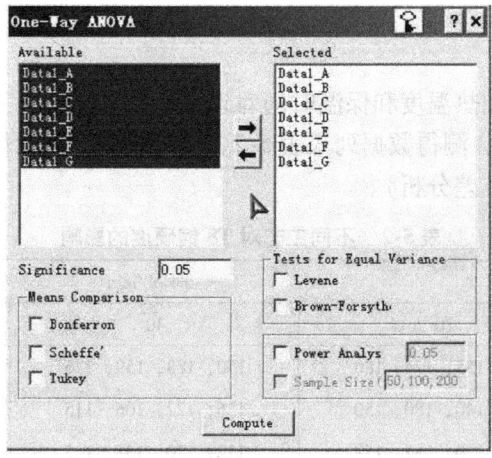

图 5-3 设置好的 "One – Way ANOVA" 对话框

"At the 0.05 level,
the population means are significantly different."

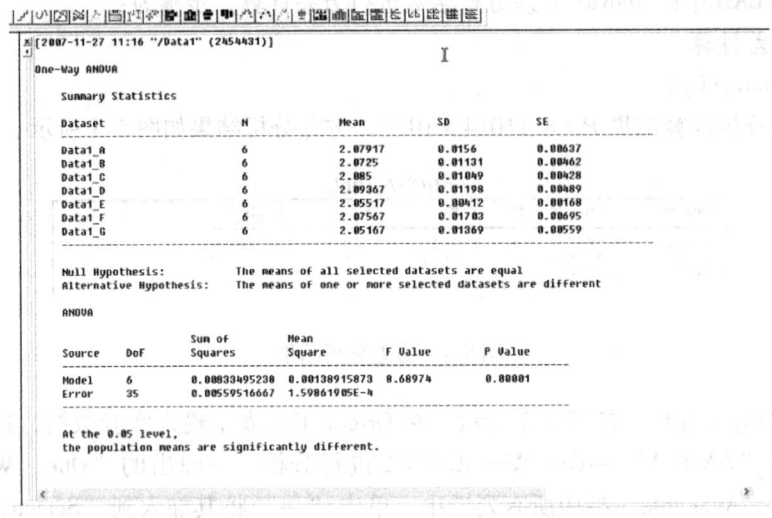

图 5-4 Origin 输出结果窗口

（3）分析与讨论

1) 采用 MATLAB 方差分析。F 值计算结果为 8.69，计算得到的概率 P 为 8.11×10^{-6}。注意在 MATLAB 中无须查 F 分布表，直接算出 F 所对应的概率。由于本例概率远远小于 0.01，故实验室对测量结果的影响为高度显著。

2) 采用 Origin 单因素方差分析。F 值计算结果为 8.68974，计算得到的概率 P 为 0.00001。在 Origin 中同样无须查 F 分布表，直接算出 F 所对应的概率。由于本例概率远小于 0.01，故实验室对测量结果的影响为高度显著。

对比 MATLAB 中的结果可以看出，两者计算结果稍有偏差，这是由于不同软件计算精度不同所造成的，一般不影响分析结果。

4. 练习及思考题

1) 为确定三种不同加热温度和保温时间对退火后 T8 钢硬度（HBW）的影响，对每种水平组合重复测硬度 4 次，测得数据列入表 5-2，试分析各因素及因素之间交互作用的显著性。（提示：采用双因素方差分析）。

表 5-2 不同工艺对 T8 钢硬度的影响   （HBW）

温度/℃	时间/min		
	20	40	60
720	130, 155, 174, 180	150, 188, 159, 126	138, 110, 168, 160
750	134, 140, 180, 150	136, 122, 106, 115	174, 120, 150, 139
780	120, 170, 182, 158	122, 170, 158, 145	96, 104, 182, 160

2）为研究焊接温度和焊接时间对焊点强度的影响，测试了不同焊接温度（因素 A）和焊接时间（因素 B）下的焊接点强度（MPa），测试结果列入表 5-3。用方差分析法检验两个因素之间是否存在交互作用及其对焊接点强度的影响。

表 5-3　焊接温度和焊接时间对焊接点强度的影响

焊接时间/s（因素 B）	焊接温度/℃（因素 A）	
	360	390
5	5.6, 5.8	6.9, 7.2
7	7.1, 6.3	5.0, 4.5

3）对某高速工具钢铣刀进行等温淬火工艺实验，以考察等温温度（因素 A）和淬火温度（因素 B）对铣刀硬度（HRC）的影响（已知等温温度和淬火温度对铣刀硬度的影响无交互作用）。根据专业知识和实践经验，等温温度和淬火温度各取 3 个水平，按析因实验安排实验方案，因素水平及实验结果见表 5-4。试判断在所选的水平范围内，等温温度和淬火温度对高速工具钢铣刀的硬度影响是否显著（提示：等温温度选择 $F_{0.01}(2,4)=18$，淬火温度选择 $F_{0.05}(2,4)=6.94$）。

表 5-4　因素水平及实验结果　　　　　　　　　　（HRC）

等温温度/℃	淬火温度/℃		
	1210	1235	1250
280	64	66	68
300	66	68	67
320	65	67	68

（参考答案：根据方差分析，计算得 $F_A=1.01$，$F_{0.01}(2,4)=18$ 比 $F_{0.01}$ 小；计算得 $F_B=7.46$，$F_{0.05}(2,4)=6.94$，比 $F_{0.05}$ 大。所以在所选的水平范围内，等温温度的水平变化对硬度无显著影响，而淬火温度的水平变化对硬度的影响显著）

实验 6

材料合成制备正交实验设计

1. 实验目的

1) 掌握正交实验设计方法，对材料科学与工程中的实验进行正交实验设计。
2) 用正交实验设计软件进行数据处理，对实验结果进行分析。

2. 实验原理概述

问题的提出——多因素的实验。

为提高某产品的转化率，选择了三个有关的因素进行条件实验，分别为反应温度（A）、反应时间（B）、用碱量（C），并确定了它们的实验范围：

A：80~90℃

B：90~150min

C：5%~7%

实验目的是弄清因素 A、B、C 对转化率的影响，明确哪些是主要因素，哪些是次要因素，从而确定最优生产条件，即温度、时间及用碱量各为多少才能使转化率提高，在此基础上制订实验方案。对 A、B、C 三个因素在实验范围内分别选取三个水平：

A：A1 = 80℃、A2 = 85℃、A3 = 90℃

B：B1 = 90min、B2 = 120min、B3 = 150min

C：C1 = 5%、C2 = 6%、C3 = 7%

在正交实验设计中，因素可以是定量的，也可以是定性的。而定量因素各水平间的距离可以相等也可以不等。取三因素三水平，通常有几种实验方法。

(1) 全面实验法　全面实验法的实验安排见表 6-1 和图 6-1。图 6-1 表明全面实验法共有 $3^3 = 27$ 次实验，即立方体上的 27 个节点。全面实验法的优点为各因素与实验指标之间的关系剖析的比较清楚。缺点为：

① 实验次数太多，费时、费事，当因素水平比较多时，实验无法完成。

② 不做重复实验无法估计误差。

③ 无法区分因素主次。

表 6-1　全面实验法的实验安排

A1B1C1	A2B1C1	A3B1C1
A1B1C2	A2B1C2	A3B1C2
A1B1C3	A2B1C3	A3B1C3
A1B2C1	A2B2C1	A3B2C1
A1B2C2	A2B2C2	A3B2C2
A1B2C3	A2B2C3	A3B2C3
A1B3C1	A2B3C1	A3B3C1
A1B3C2	A2B3C2	A3B3C2
A1B3C3	A2B3C3	A3B3C3

（2）简单比较法　简单比较法是变化一个因素而固定其他因素，如首先固定 B、C 于 B1、C1 位置，使 A 变化，如果得出结果 A3 最好，则固定 A 于 A3 位置，C 还是 C1 位置，使 B 变化，如果得出结果 B2 最好，则固定 B 于 B2 位置，A 于 A2 位置，使 C 变化，则实验结果为 C3 最好。于是得出最佳工艺条件为 A3B2C3，简单比较法的实验点分布如图 6-2 所示。

简单比较法的优点为实验次数少。其缺点为：①实验点不具有代表性。②考察的因素、水平仅局限于局部区域，不能全面反映因素的全面情况。③无法分清因素的主次。如果不进行重复实验，实验误差就估计不出来，因此无法确定最佳分析条件的精度。④很难利用数理统计方法对实验结果进行分析。

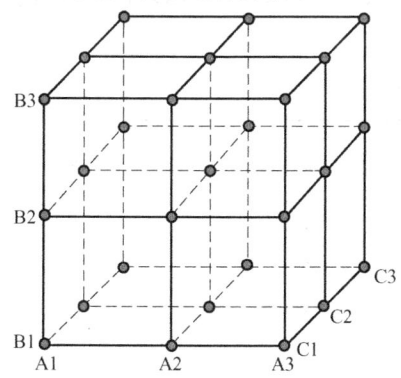

图 6-1　全面实验法的试验点分布

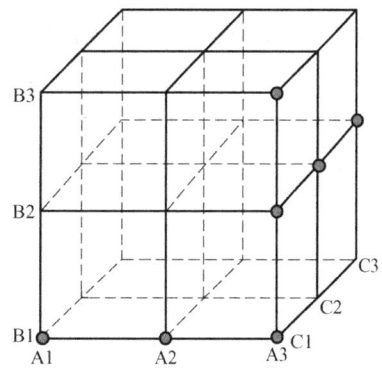

图 6-2　简单比较法的实验点分布

（3）正交实验法　考虑兼顾全面实验法和简单比较法的优点，根据数学原理制作好的规格化表——正交表来设计实验不失为一种上策。用正交表来安排实验及分析实验结果，这种方法称为正交实验法。事实上，正交最优化方法的优点不仅表现在实验的设计上，更表现在对实验结果的处理上。正交实验法的优点有：①实验点代表性强，实验次数少。②不需要做重复实验，就可以估计实验误差。③可以分清因素主次。④可以使用数理统计的方法处理实验结果。如用正交表安排前文所述实验，则只需要 9 次实验，图 6-3 所示为用正交表安排实验时的实验点分布，从图 6-3 中可以看出用正交实验（表）法安排实验具有均衡分散性和代表性，此外用正交实验（表）法安排实验具有整齐可比性，可以方便地利用数理统计的方法对实验结果进行处理。

1）指标、因素和水平。用正交表安排实验需要考虑的结果称为实验指标（简称指标），可以直接用数量表示的称为定量指标，不能用数量表示的称为定性指标。定性指标可以按评定结果打分或者评出等级，可以用数量表示，称为定性指标的定量化。实验中要考虑的对实验指标可能有影响的变量称为因素，用大写字母 A、B、C……表示，每个因素可能出现的状态称为因素的水平（简称水平）。图 6-4 所示为正交表符号的含义。

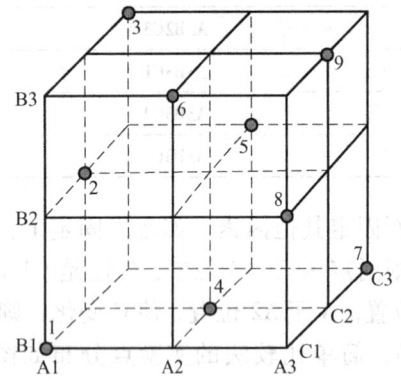

图 6-3　用正交表安排实验时的实验点分布

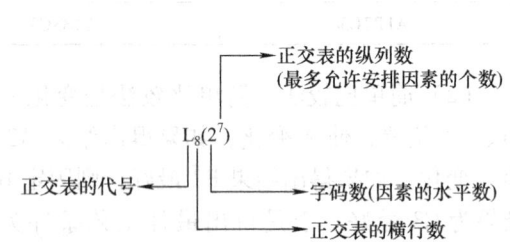

图 6-4　正交表符号的含义

2）正交表的正交性。以 $L_9(3^4)$ 为例，正交表见表 6-2。从该正交表可以看出，每个列中，"1"、"2"、"3" 出现的次数相同；任意两列的九对数字对中，恰好（1，1）、（1，2）、（1，3）、（2，1）、（2，2）、（2，3）、（3，1）、（3，2）、（3，3）出现的次数相同。这说明实验点在实验范围内排列规律整齐，分布均匀。

表 6-2　$L_9(3^4)$ 正交表

列号 实验号	1	2	3	4
1	1	1	1	1
2	1	2	2	2
3	1	3	3	3
4	2	1	2	3
5	2	2	3	1
6	2	3	1	2
7	3	1	3	2
8	3	2	1	3
9	3	3	2	1

3. 实验步骤方法

（1）用正交表安排实验　本实验的目的是弄清 A、B、C 对转化率的影响，实验指标为转化率，因此确定因素、水平表见表6-3。选取 $L_9(3^4)$ 正交表安排实验，得到转化率实验结果列入表6-4。

表6-3 因素、水平表

水平	因素		
	温度/℃（A）	时间/min（B）	用碱量/（质量分数，%）（C）
1	80（A1）	90（B1）	5（C1）
2	85（A2）	120（B2）	6（C2）
3	90（A3）	150（B3）	7（C3）

表6-4 用 $L_9(3^4)$ 正交表进行实验所得转化率结果

列号	1	2	3	转化率（%）
因素	温度/℃（A）	时间/min（B）	用碱量（质量分数，%）（C）	
实验1	80	90	5	31
实验2	80	120	6	54
实验3	80	150	7	38
实验4	85	90	6	53
实验5	85	120	7	49
实验6	85	150	5	42
实验7	90	90	7	57
实验8	90	120	5	62
实验9	90	150	6	64

（2）采用"正交设计助手"软件　"正交设计助手"软件为正交实验设计中繁琐的实验安排表设计和结果分析提供了一个辅助工具。免费试用版"正交设计助手"软件内置的正交表包括：两水平 $L_4(2^3)$、$L_8(2^7)$、$L_{12}(2^{11})$、$L_{16}(2^{15})$，三水平 $L_9(3^4)$、$L_{18}(3^7)$、$L_{27}(3^{13})$，四水平 $L_{16}(4^5)$、$L_{32}(4^9)$，五水平：$L_{25}(5^6)$、$L_{50}(5^{11})$。

使用该软件可以完成一般的正交设计。运行该软件，选取正交表，输入实验数据，如图6-5a所示，单击"分析"下拉菜单得到实验计划表，如图6-5b所示。

（3）极差分析　用"正交设计助手"软件对正交实验结果进行直观分析和计算，如图6-6所示。因素 A1、A2、A3 各自所在组的实验中，其他因素（B、C）的1、2、3水平都分别出现了一次。A 因素的方均值计算如下：

$$k_{1A} = (x_1 + x_2 + x_3)/3 = (31 + 54 + 38)/3 = 41$$
$$k_{2A} = (x_4 + x_5 + x_6)/3 = (53 + 49 + 42)/3 = 48$$
$$k_{3A} = (x_7 + x_8 + x_9)/3 = (57 + 62 + 64)/3 = 61$$

比较 k_{1A}、k_{2A}、k_{3A} 时，可以认为B、C对 k_{1A}、k_{2A}、k_{3A} 的影响大体相同。于是，可以把 k_{1A}、k_{2A}、k_{3A} 之间的差异看做是由 A 取了三个不同水平引起的。同理可以计算因素 B 和因素 C。

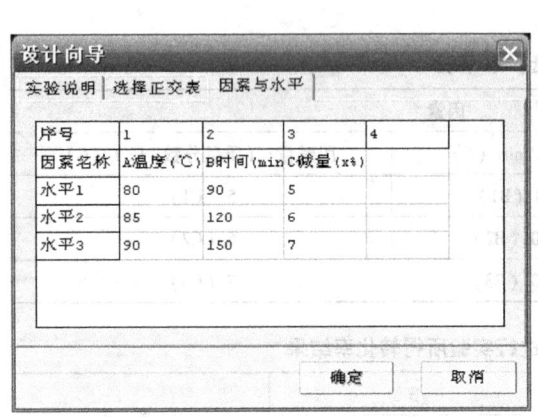 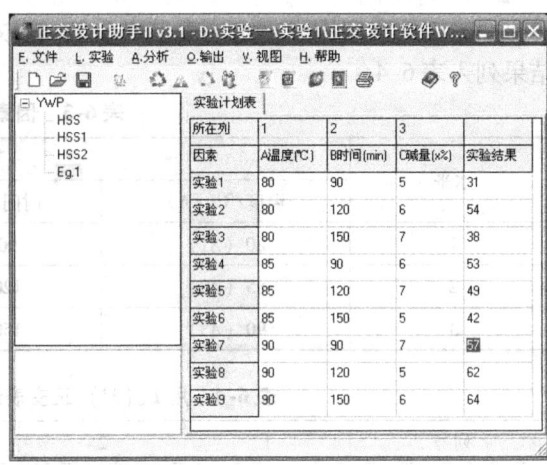

图 6-5 实验数据和实验计划表

a) 选取正交表输入数据　b) 实验计划表

图 6-6 用"正交设计助手"软件进行直观分析和计算

将每列 k_1、k_2、k_3 中的最大值与最小值之差称为极差,即

第一列(A 因素) $= k_{3A} - k_{1A} = 61 - 41 = 20$

第二列(B 因素) $= k_{2B} - k_{1B} = 55 - 47 = 8$

第三列(C 因素) $= k_{2C} - k_{1C} = 57 - 45 = 12$

由此,可以直观看出,一个因素对实验结果的影响大,就是主要因素。本例中因素主次排序为:A→C→B。

单击"效应曲线图"按钮,用"正交设计助手"软件所得的数据作各因素效应水平图

（图 6-7），确定各因素应取的水平，也可以将数据导出到 Origin 软件中作图。

根据本例要求，各因素的水平选取原则为：

① 对于主要因素，选使指标最好的水平，A 选 A3，C 选 C2；② 对于次要因素，以节约、方便原则选取水平，B 可选 B2 或者 B1。用 A3B2C2 和 A3B1C2 各做一次验证实验，结果 A3B1C2 的转化率高于 A3B2C2，最后确定最优生产工艺参数为 A3B1C2。

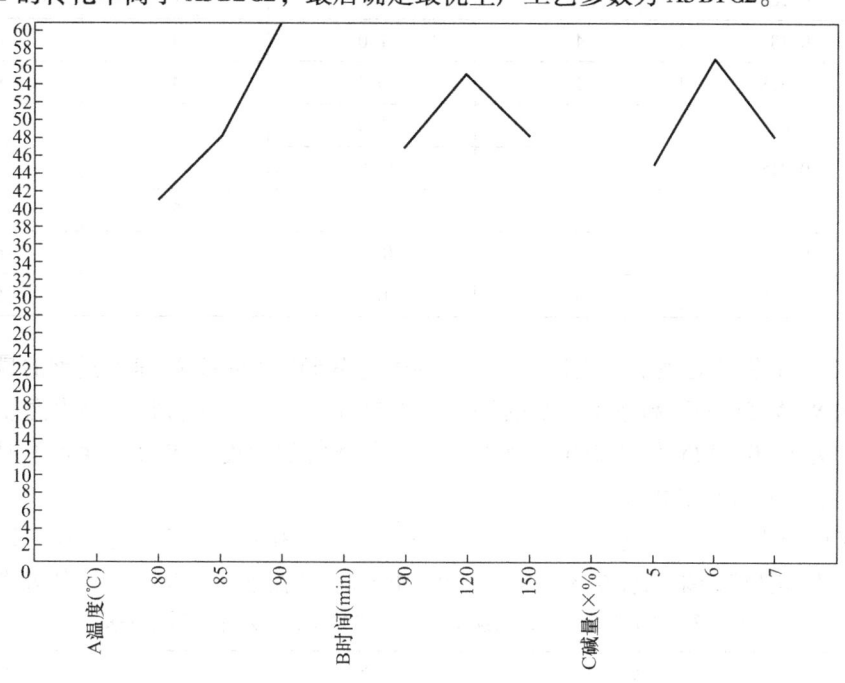

图 6-7 各因素效应水平图

4. 练习及思考题

1）HAP 生产工艺正交实验最优条件设计。羟基磷灰石 [Hydroxyapatite，HAP，化学式 $Ca_{10}(PO_4)_6(OH)_2$] 是一类生物陶瓷材料。利用正交实验设计法的原理，将湿法制备羟基磷灰石的几个重要因素，如反应物初始浓度、回流时间、NaOH 浓度、陈化时间作为正交表的实验因子，并分别拟定了三个水平，建立正交实验表 $L_9(3^4)$ 进行实验研究，HAP 生产工艺正交实验因子表以及实验安排和实验结果分别见表 6-5 和表 6-6。

表 6-5 HAP 生产工艺正交实验因子表

水平	$Ca(NO_3)_2$ 初始浓度/(mol/L)（A）	回流时间/h（B）	NaOH 浓度/(mol/L)（C）	陈化时间/h（D）
1	0.187	1	0.25	1
2	0.418	2	0.5	2
3	0.935	4	1.0	4

按正交表各实验号中规定的水平组合进行 9 次实验，实验结果（指标）填入表 6-6。试分析各因子对 HAP 产率的影响以及制备 HAP 的最优条件。

表6-6 实验安排和实验结果

列号	1	2	3	4	
因素	起始浓度/(mol/L)	回流时间/h	NaOH浓度/(mol/L)	陈化时间/h	实验结果
实验1	0.187	1	0.25	1	93.4
实验2	0.187	2	0.5	2	89.2
实验3	0.187	4	1.0	4	66.0
实验4	0.418	1	0.5	4	88.8
实验5	0.418	2	1.0	1	75.5
实验6	0.418	4	0.25	2	56.9
实验7	0.935	1	1.0	2	82.1
实验8	0.935	2	0.25	4	65.4
实验9	0.935	4	0.5	1	53.1

2) 高速工具钢热处理工艺优化。通过实验确定W6Mo5Cr4V2高速工具钢的最佳热处理工艺。根据W6Mo5Cr4V2高速工具钢的等温淬火热处理工艺,该材料的淬火温度和等温温度范围分别为1210~1250℃和280~320℃。要求了解等温温度、淬火温度和等温时间对冲击吸收能量、抗弯强度和硬度的影响。

W6Mo5Cr4V2高速工具钢的热处理工艺水平、因素安排见表6-7,选择$L_9(3^4)$正交表安排实验,力学性能结果见表6-8。试分析W6Mo5Cr4V2高速工具钢的最佳热处理工艺。

表6-7 W6Mo5Cr4V2高速工具钢的热处理工艺水平、因素安排

水平	等温温度/℃ (A)	淬火温度/℃ (B)	等温时间/h (C)
1	280	1210	1
2	300	1235	2
3	320	1250	3

表6-8 力学性能统计表

实验号	列号 A B C 空列 1 2 3 4	冲击吸收能量/J	挠度/mm	抗弯强度/MPa	硬度HRC
1		47.0	4.7	73	-1
2		38.5	4.5	40	0
3		24.8	3.5	-74	1
4		29.3	4.0	-26	0
5	$L_9(3^4)$	46.0	4.5	-3	1
6		32.0	3.8	-23	0.5
7		33.0	4.5	27	-1
8		42.7	4.3	2	0
9		25.7	3.5	-52	1

注:表中数据均为3个试样的平均值,抗弯强度和硬度栏的数据经过了($y-4000$)和($y-66$)的变换。

3）用正交设计研究工艺对 AlN/ZL101 原位复合材料硬度的影响。实验工艺为纯铝熔化后，在 700℃左右加入硅和镁，继续加热升温到 950~1050℃时，用底吹法通过石英玻璃管向密封溶液中通入氮气，流量控制在 10mL/min，时间控制在 35~65min，然后降温到 750℃扒渣，金属型浇注试样。试分析 Mg 含量和工艺对 AlN/ZL101 性能的影响。因素、水平表见表6-9，正交实验安排和实验结果见表6-10。

表6-9 因素、水平表

水平	因素		
	Mg 质量分数（%）	温度/℃	时间/min
1	1	950	35
2	1.5	1000	50
3	2.5	1050	65

表6-10 正交实验安排和实验结果

列号	1	2	3	4	实验结果		
因素	Mg 质量分数（%）	温度/℃	时间/min		硬度 HBW	抗拉强度/MPa	伸长率（%）
实验1	1	1	1	1	104	290	2.9
实验2	1	2	2	2	119.3	328	4.4
实验3	1	3	3	3	96	282	1.9
实验4	2	1	2	3	107.3	292.5	2.8
实验5	2	2	3	1	102.4	289.8	2.7
实验6	2	3	1	2	114.3	294	2.4
实验7	3	1	3	2	80.2	244	2.9
实验8	3	2	1	3	85.4	253	2.5
实验9	3	3	2	1	92.7	264	2.6

4）用正交设计研究某无机材料成分对弹性模量的影响。某无机材料的成分见表6-11，求材料组成对弹性模量的影响。根据实验要求按 $L_9(3^4)$ 进行实验，弹性模量的测试结果见表6-12。

表6-11 某无机材料的成分（质量分数） （%）

水平	SiO_2	Na_2O	K_2O	CaO
1	72	7.26	8.16	12.68
2	74	6.76	7.66	11.68
3	76	6.26	7.16	10.68

表6-12 按 $L_9(3^4)$ 进行实验的弹性模量测试结果

列号 实验号	1 (SiO_2)	2 (Na_2O)	3 (K_2O)	4 (CaO)	实验结果（弹性模量）
1	1	1	1	1	7.2636
2	1	2	2	2	7.2582

(续)

实验号\列号	1 (SiO$_2$)	2 (Na$_2$O)	3 (K$_2$O)	4 (CaO)	实验结果（弹性模量）
3	1	3	3	3	7.2456
4	2	1	2	3	7.2001
5	2	2	3	1	7.3130
6	2	3	1	2	7.2560
7	3	1	3	2	7.2558
8	3	2	1	3	7.1988
9	3	3	2	1	7.3086

5）用正交设计研究聚四氟乙烯中加入的填料对静摩擦因数与动摩擦因数之差的影响。聚四氟乙烯（PTFE）由于具有摩擦因数小、自润滑性和热稳定性好等优点而被广泛用于液压马达动密封。它所具有的硬度低、耐磨性差、蠕变现象等缺点可以通过在聚四氟乙烯中加入填料使其成为复合材料而得到改善。

采用正交实验方法研究在聚四氟乙烯中添加铜粉、石墨、玻璃纤维和MoS$_2$对摩擦性能的影响。由于摩擦实验采用45钢作为摩擦副，其表面粗糙度也对摩擦性能有重要的影响，因此要考虑45钢表面粗糙度的影响。铜粉、石墨、玻璃纤维和MoS$_2$添加的体积分数分别为20%~35%、5%~11%、5%~20%和3%~6%，45钢表面粗糙度Ra值为0.4~3.2μm。根据斯特里贝克（Stribeck）摩擦力模型，静摩擦因数和滑动摩擦因数的差值越小，其性能越好，因此采用静摩擦因数与滑动摩擦因数之差（用$F_{静-滑}$表示）作为实验评定指标。实验要考察五因素四水平，故采用$L_{16}4^5$型正交表进行实验设计。正交实验方案见表6-13，根据$L_{16}4^5$型正交表设计的实验方案和得到的实验结果列入表6-14。

表6-13　正交实验方案

水平	铜粉体积分数（%）（A）	石墨体积分数（%）（B）	玻璃纤维体积分数（%）（C）	MoS$_2$体积分数（%）（D）	表面粗糙度Ra（E）
1	20	5	5	3	0.4
2	25	7	10	4	0.8
3	30	9	15	5	1.6
4	35	11	20	6	3.2

表6-14　根据$L_{16}4^5$型正交表设计的实验方案和得到的实验结果

实验号	铜粉（A）	石墨（B）	玻璃纤维（C）	MoS$_2$（D）	表面粗糙度（E）	实验方案	$F_{静-滑}$
实验1	1	1	1	1	1	A1B1C1D1E1	0.00798
实验2	1	2	2	2	2	A1B2C2D2E2	0.0226
实验3	1	3	3	3	3	A1B3C3D3E3	0.0284
实验4	1	4	4	4	4	A1B4C4D4E4	0.0459

(续)

实验号	铜粉（A）	石墨（B）	玻璃纤维（C）	MoS$_2$（D）	表面粗糙度（E）	实验方案	$F_{静-滑}$
实验 5	2	1	2	3	4	A2B1C2D3E4	0.0359
实验 6	2	2	1	4	3	A2B2C1D4E3	0.0202
实验 7	2	3	4	1	2	A2B2C4D1E2	0.00926
实验 8	2	4	3	2	1	A2B4C3D2E1	0.00601
实验 9	3	1	3	4	2	A3B1C3D4E2	0.00916
实验 10	3	2	4	2	1	A3B2C4D3E1	0.0292
实验 11	3	3	1	2	4	A3B3C1D2E4	0.0179
实验 12	3	4	2	1	3	A3B4C2D1E3	0.00588
实验 13	4	1	4	2	3	A4B1C4D2E3	0.00914
实验 14	4	2	3	1	4	A4B2C3D1E4	0.0327
实验 15	4	3	2	4	1	A4B3C2D4E2	0.0117
实验 16	4	4	1	3	2	A4B4C1D3E1	0.0319

［参考答案：从 $F_{静-滑}$ 最小值看，实验 12 的结果最理想；极差分析表明各因素从主到次的顺序为 E（表面粗糙度）→D（MoS$_2$）→A（铜粉）→B（石墨）→C（玻璃纤维）；加上考虑到其他条件和工艺等因素，调整填料优选方案（体积分数）为 30% 铜粉、5% 石墨、10% 玻璃纤维、4% MoS$_2$ 和表面粗糙度 Ra 值为 3.2。具体分析见参考文献［7］。］

实验 7

材料研究中的曲线拟合与建模

1. 实验目的

1) 确定材料研究中的变量之间是否存在相关性，用实验数据建立数学模型。

2) 在一定的置信度下，根据一个或几个变量的取值预测或控制另一个变量的取值范围。

2. 实验原理概述

问题的提出——用曲线拟合建模。

根据长期实验总结和金属材料理论，提出了耐热钢断裂时间与实验温度、持久强度的回归模型为

$$\lg y = b_0 + b_1 \lg x + b_2 \lg^2 x + b_3 \lg^3 x + \frac{b_4}{2.3RT} + \varepsilon \tag{7-1}$$

式中，y 为断裂时间（h）；x 为持久强度（MPa）；T 为实验温度（K）；R 为气体常数。

为求出 25Cr2Mo1V 耐热钢的回归模型，进行了 27 次实验，见表 7-1。在给定系数下，在工作温度为 550℃ 和设计寿命为 10 万 h 的条件下，用式（7-1）所示模型对此种耐热钢的持久强度 x_{100000}^{550} 作出估计。

表 7-1　25Cr2Mo1V 耐热钢持久强度实验数据

实验号	实验温度/K	持久强度/MPa	断裂时间/h	实验号	实验温度/K	持久强度/MPa	断裂时间/h
1	823	400	113.5	15	853	270	937
2	823	380	163.5	16	853	250	1206.7
3	823	370	340.6	17	853	200	2044.6
4	823	360	561	18	873	300	182.2
5	823	350	953.8	19	873	270	350.7
6	823	350	1263.8	20	873	250	489.0
7	823	330	1902.8	21	873	200	958.7
8	823	310	2271.3	22	893	270	79.4
9	823	310	2466.5	23	893	250	150.4
10	823	270	3674.8	24	893	200	411.0
11	823	250	6368.7	25	893	150	1001.8
12	823	200	13862.0	26	893	120	1544.8
13	853	350	207.7	27	893	110	1795.0
14	853	300	621.9				

(1) 一元线性回归　设有 m 组观察数据 (x_i, y_i) ($i=1, 2, 3, \cdots, m$)，以一元线性回归方程 $y(x) = a + bx$ 作为回归方程，将 x_i 代入方程得

$$\hat{y}_i = y(x_i) = a + bx_i \tag{7-2}$$

实际观察数据 y_i 与回归值 $\hat{y}_i$ 之间存在的偏差称为残差，记为 e_i ($i=1, 2, 3, \cdots, m$)，则残差平方和 Q 为

$$Q = Q(a,b) = \sum_{i=1}^{n} e_i^2 = \sum_{i=1}^{n} (y_i - \hat{y}_i)^2 \sum_{i=1}^{n} (y_i - a - bx_i)^2 \tag{7-3}$$

根据最小二乘法，为使 Q 为极小值，分别对 a、b 求偏导得

$$\frac{\partial Q}{\partial a} = 2 \sum_{i=1}^{n} [y_i - (a + bx_i)] = 0$$

$$\frac{\partial Q}{\partial b} = 2 \sum_{i=1}^{n} [y_i - (a + bx_i)] x_i = 0 \tag{7-4}$$

解方程组，可得

$$\begin{cases} a = \bar{y} - b\bar{x} \\ b = \dfrac{L_{xy}}{L_{xx}} \end{cases}$$

$$\begin{cases} \bar{x} = \dfrac{1}{n} \sum_{i=1}^{n} x_i \\ \bar{y} = \dfrac{1}{n} \sum_{i=1}^{n} y_i \end{cases} \tag{7-5}$$

$$\begin{cases} L_{xy} = \sum_{i=1}^{n} (x_i - \bar{x})(y_i - \bar{y}) = \sum_{i=1}^{n} x_i y_i - \dfrac{1}{n} \sum_{i=1}^{n} x_i \sum_{i=1}^{n} y_i \\ L_{xx} = \sum_{i=1}^{n} (x_i - \bar{x})^2 = \sum_{i=1}^{n} x_i^2 - \dfrac{1}{n} \left(\sum_{i=1}^{n} x_i \right)^2 \end{cases}$$

由式 (7-5) 可分别求出 a、b，得到回归线性方程，可以采用相关系数 R、方差分析与统计量 F 检验回归线性方程的相关性，从数学推导可以得出它们的检验是等价的，由于篇幅限制，请查阅相关书籍，这里不进行介绍。

(2) 非线性回归　在材料科学实际问题中，自变量与因变量之间的关系往往不是线性的，计算时一般采用非线性回归法。非线性回归的问题在很多情况下可以通过变量替换转化为线性回归问题，其理论与线性回归基本一样，由于篇幅限制，这里仅介绍采用 Origin 软件中的回归拟合菜单对材料科学实际问题进行处理的方法。

Origin 直接使用回归拟合菜单 "Analysis" 进行回归。在 Origin 回归拟合菜单下，有线性回归、多项式拟合、指数拟合以及 S 曲线拟合等。

非线性最小平方拟合是 Origin 所提供的功能最强大的数据拟合工具。Origin 提供了 200 多个数学表达式用于曲线拟合，这些数学表达式能满足绝大多数材料科学与工程中的曲线拟合需求。有关 Origin 回归拟合详细内容请参看参考文献 [1]。

(3) 多元线性回归　在工程实际中，自变量往往是多个，因变量与自变量之间可能存在线性关系，如式 (7-6)。也可能存在非线性关系，如其为非线性关系，则在很多情况下

可以通过变量替换转化为线性关系，其理论与线性回归问题基本一样。有关 Origin 多元线性回归的基本理论和详细内容请参考有关文献。这里仅介绍用 Origin 软件进行多元线性回归：

$$Y = A + B_1X_1 + B_2X_2 + \cdots + B_kX_k \tag{7-6}$$

3. 实验步骤方法

（1）数据输入及变量替换　以建立耐热钢断裂时间与实验温度、持久强度的回归模型为例。将表 7-1 中的原始数据输入 Origin 工作表，如图 7-1 所示。

令式（7-1）中

$$y' = \lg y, x_1 = \lg x, x_2 = \lg^2 x, x_3 = \lg^3 x, x_4 = \frac{1}{2.3RT}$$

则问题转化为多元线性问题，该变量替换在 Origin 工作表中用数学计算完成。例如选中工作表第 1 列，选择“Set Column Values”命令，按图 7-2 所示，对第 1 列取对数并对其他列也进行变量替换。将第 1 列设置为 Y，其余设置为 X，完成变量替换设置的工作表如图 7-3 所示。

	A(X)	B(Y)	C(Y)	D(Y)
Long Name	No	温度/K	应力/MPa	断裂时间/h
Units				
Comments				
1	1	823	40	113.5
2	2	823	38	163.5
3	3	823	37	340.6
4	4	823	36	561
5	5	823	35	953.8
6	6	823	35	1263.8
7	7	823	33	1902.8
8	8	823	31	2271.3
9	9	823	31	2466.5
10	10	823	27	3674.8
11	11	823	25	6368.7
12	12	823	20	13862
13	13	853	35	207.7
14	14	853	30	621.9
15	15	853	27	937
16	16	853	25	1206.7
17	17	853	20	2044.6
18	18	873	30	182.2
19	19	873	27	350.7
20	20	873	25	489
21	21	873	20	958.7
22	22	893	27	79.4
23	23	893	25	150.4
24	24	893	20	411
25	25	893	15	1001.8
26	26	893	12	1544.8
27	27	893	11	1795

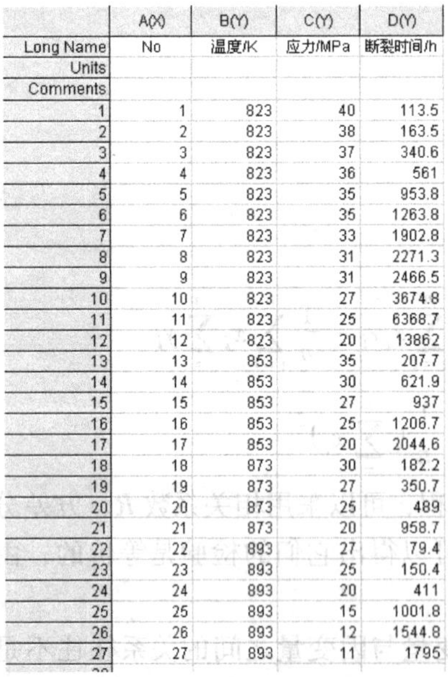

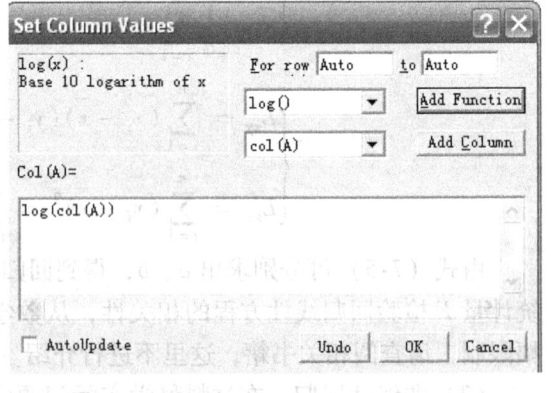

图 7-1　输入原始数据的 Origin 工作表

图 7-2　对第 1 列取对数的设置对话框

（2）多元线性回归　选中所有的 X 列，选择菜单命令“Statistics”→“Multiple Regression”，系统会弹出“Attention”窗口，提示变量的关系，单击“确定”按钮，在结果记录窗口输出多元线性回归结果，如图 7-4 所示。

得到多元线性回归式为

$$\lg y = 343.75 - 476.15\lg x + 210.78\lg^2 x - 31.23\lg^3 x + \frac{5921943.57}{2.3RT} \tag{7-7}$$

方程统计量为

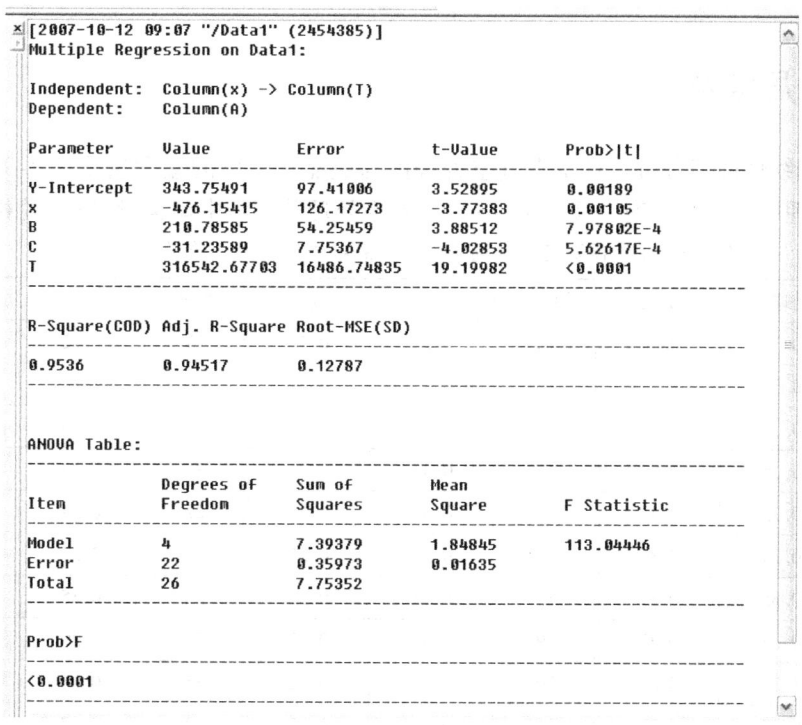

图 7-3　完成变量替换设置的工作表

图 7-4　多元线性回归结果

$$R^2 = 0.9536, F = 113.04, P = 0.0001$$

回归结果中统计量的意义见表 7-2。

表 7-2　回归结果中统计量的意义

参　数	含　义
A，B_1，B_2，…	回归方程系数
t – Value	结合 Prob 判断该系数的显著性
R – square	= (SYY – RSS)/SYY
Prob	对应概率
Adj. R – Square	1 – [(1 – R – square) * (N – k – 1)]
Root – MSE	估计标准差

（3）模型的估计应用　根据回归方程的意义可知，工作温度 550℃ 和设计寿命 100000h 的估计条件在模型估计范围内，由此可以采用该模型对此种耐热钢的持久强度 x_{100000}^{550} 进行估计。

令 $y = 100000\text{h}$，$T = 823\text{K}$，在 MATLAB 中解方程：

solve ('– log (10^5) + 343.75 – 476.15 * log (x) + 210.78 * log (x)^2 – 31.231 * log (x)^3 + 5921943.57/ (2.3 * 8.314 * 823)')

求得 $x = 87.8\text{MPa}$

即在使用温度 550℃ 下，使用寿命要求达到 100000h 时，该耐热钢的临界应力不能超过 87.8MPa。

4. 练习及思考题

1) 一元线性回归分析。轴承钢真空处理前与成品钢液中的锰含量见表 7-3。请分析研究，真空处理后成品轴承钢中锰含量（y）与真空处理前钢液中锰含量（x）的相关关系。

表 7-3　轴承钢真空处理前与成品钢液中的锰含量（质量分数,%）

炉号	处理前	成品	炉号	处理前	成品	炉号	处理前	成品
1	0.38	0.36	12	0.38	0.35	23	0.32	0.31
2	0.36	0.33	13	0.32	0.31	24	0.37	0.35
3	0.30	0.30	14	0.33	0.32	25	0.35	0.32
4	0.35	0.33	15	0.37	0.35	26	0.36	0.35
5	0.33	0.33	16	0.37	0.35	27	0.34	0.33
6	0.35	0.32	17	0.33	0.31	28	0.33	0.34
7	0.35	0.34	18	0.35	0.32	29	0.35	0.35
8	0.33	0.32	19	0.32	0.32	30	0.39	0.38
9	0.35	0.31	20	0.34	0.32	31	0.36	0.34
10	0.35	0.33	21	0.32	0.33	32	0.37	0.36
11	0.39	0.36	22	0.33	0.32	33	0.35	0.32

（提示：先绘制实验数据散点图，判断是否有线性关系趋势，而后根据散点图选择拟合方程。）

2）用阿伦尼乌斯公式求渗硼激活能。40钢在不同渗硼参数下的渗硼深度见表7-4，求：
① 渗硼时间一定的条件下，渗硼温度变化时的扩散激活能Q。
② 渗硼温度一定的条件下，渗硼时间变化时的扩散激活能Q。

表7-4　40钢在不同渗硼参数下的渗硼深度　　　　　　　　　（单位：μm）

渗硼时间/h	渗硼温度/℃		
	860	880	900
2	14	32	50
4	45	55	70
6	60	68	90
8	62	80	100

［提示：采用阿伦尼乌斯公式进行求解，即

$$\delta^2 = k_0^t e^{-Q/RT} \tag{7-8}$$

式中，δ为平均渗层厚度（m）；k_0为扩散系数（m²/s）；t为保温时间（s）；Q为扩散激活能（J/mol）；R为气体常数，其值为8.314J/（mol·K）；T为处理温度（K）。

对式（7-8）两边取对数，整理后得

$$2\ln\delta = \ln k_0 + \ln t - \frac{Q}{RT} \tag{7-9}$$

根据式（7-9）作$2\ln\delta - 1/T$图，进行数据拟合，求出斜率，即可求出在上述两种情况下的渗硼扩散激活能Q。］

3）钢厂钢包受钢液和炉渣侵蚀容积增大模型。炼钢厂出钢时盛钢液的钢包在使用过程中受钢液和炉渣侵蚀，其容积不断增大。表7-5列出了钢包使用不同次数时钢包容积［因容积不便测量，故以钢包盛满钢液的质量（t）表示］的一组实测数据。试求出二者之间的定量关系式。

表7-5　钢包使用不同次数时钢包容积实测数据

使用次数	容积/t	使用次数	容积/t
2	106.42	11	110.59
3	108.20	14	110.60
4	109.58	15	110.90
5	109.50	16	110.70
7	110.00	18	111.00
8	109.93	19	111.20
10	110.49		

（提示：试作散点图，根据散点图用双曲线和指数函数来拟合，并将其结果进行对比分析。）

4）水泥凝固放热与成分的关系研究。根据长期实验总结，提出了某种水泥凝固时放出的热量（J/g）与水泥中四种化学成分质量分数的线性模型，其实验数据见表7-6。求其多元线性模型。

表 7-6 水泥凝固放热量与四种化学成分的质量分数

实验号	质量分数（%）				凝固放热量/（J/g）
	$3CaO \cdot Al_2O_3$	$CaO \cdot SiO_2$	$4CaO \cdot Al_2O_3 \cdot Fe_2O_3$	$2CaO \cdot SiO_2$	
1	7	26	6	60	328.13
2	1	29	15	52	310.574
3	11	56	8	20	435.974
4	11	31	8	47	366.168
5	7	52	6	33	400.862
6	11	55	9	22	456.456
7	3	71	17	6	429.286
8	1	31	22	44	303.05
9	2	54	18	22	389.158
10	21	47	4	26	484.462
11	1	40	23	34	350.284
12	11	66	9	12	473.594
13	10	68	8	12	457.292

5）合金屈服强度与成分等因素的关系研究。某合金屈服强度与其厚度、碳的质量分数和锰的质量分数的 24 组数据见表 7-7。试求屈服强度与其厚度 x_1、碳的质量分数 x_2 和锰的质量分数 x_3 的线性回归方程，并讨论各因素对屈服强度的影响程度（详见参考文献 [8]）。

表 7-7 某合金屈服强度与成分等因素的实验数据

厚度/mm	C 质量分数（%）	Mn 质量分数（%）	屈服强度/MPa	厚度/mm	C 质量分数（%）	Mn 质量分数（%）	屈服强度/MPa
30	0.16	0.5	240	20	0.2	0.52	270
46	0.16	0.48	225	32	0.18	0.6	280
36	0.16	0.59	270	26	0.18	0.46	278
20	0.18	0.57	290	40	0.18	0.47	280
14	0.18	0.57	350	14	0.18	0.56	300
16	0.16	0.59	320	12	0.16	0.52	310
42	0.18	0.56	250	25	0.15	0.59	290
13	0.14	0.5	300	28	0.15	0.49	250
25	0.14	0.6	300	20	0.19	0.56	310
22	0.2	0.58	320	22	0.2	0.52	270
46	0.18	0.56	260	36	0.18	0.56	270
22	0.19	0.58	300	12	0.14	0.5	280

6）对 Q235 钢、40Cr 钢和 18-8 不锈钢三种材料进行高温压缩实验，试样尺寸为 $\phi 8mm \times 12mm$，压缩量 $\Delta L = 6mm$，升温速度为 10℃/s，保温时间为 1min。表 7-8 中的数据

为三种材料在该条件下的抗压强度（MPa）。试分析三种材料的高温变形行为。

表7-8 三种材料的高温抗压强度　　　　　　　　　　　（单位：MPa）

应变速率/s^{-1}	实验温度/℃											
	800	850	900	950	800	850	900	950	800	850	900	950
	Q235钢				40Cr钢				18-8不锈钢			
0.01	97	79	63	44	129	94	72	50	237	193	186	89
0.05	127	97	79	69	147	125	109	81	284	259	202	146
0.1	137	117	90	63	175	139	96	73	298	247	200	145
0.5	202	157	128	106	211	190	160	118	306	277	258	208
1	201	160	138	99	210	194	164	109	348	278	258	185
5	243	214	180	151	239	228	192	164	—	323	—	246

7）某材料的抗拉强度 R_m 和伸长率 A 与碳质量分数 w（C）关系的实验数据见表7-9。根据生产要求在置信度为99%的条件下，该材料的抗拉强度 $R_m > 330$MPa，伸长率 $A > 34\%$，问该材料的含碳量应该控制在什么范围？（参考答案：$0.0311\% < w$（C）$< 0.1944\%$。）

表7-9 某材料的抗拉强度 R_m 和伸长率 A 与碳质量分数关系的实验数据

w（C）(%)	R_m/MPa	A(%)	w（C）(%)	R_m/MPa	A(%)
0.04	371	40.5	0.12	450	37.4
0.06	384	39.8	0.15	473	35.9
0.07	405	37.2	0.16	482	35
0.08	410	37.7	0.17	491	34.2
0.09	421	39.2	0.19	505	35.5
0.1	421	38.5	0.2	544	33.2
0.11	439	37	0.23	569	32.1
0.12	447	38.5			

实验 8

材料组织参数数字图像分析

1. 实验目的

1）了解金相显微照片图像处理的基本方法。掌握图像处理软件 Image Tool 的基本操作。

2）应用 UTHSCSA Image Tool 软件对实际材料组织参数进行分析。

2. 实验原理概述

金相照片的数字图像分析对材料性能研究有着极为重要的作用，典型的金相照片数字图像处理过程主要包括以下步骤：

1）图像采集。采用 CCD 摄像头通过显微镜专用接口与金相显微镜直接相连，获得高清晰度金相组织图像，然后通过图像采集设备将获得的数字化图像传输到计算机。

2）图像预处理。消除噪声、校正失真和图像滤波等，提高图像的质量。

3）图像处理。图像二值化处理，消除图像中仍存在的晶界与有效区域相连及杂质点等问题。

4）图像模式识别。图像形状特征提取，边界轮廓确定，从多值的数字图像中取出对象物，对数字图像进行分析。

目前可对图像进行分析处理的软件有 Image – Pro Plus（IPP）、Nano Measurer、ImageJ 和 UTHSCSA Image Tool 等。UTHSCSA Image Tool 是由德克斯大学健康科学中心（The University of Texas Health Science Center）的 C. Donald Wilcox 等采用 Borland's C++ 开发的免费图像处理软件，该软件的特点是使用方便，能方便地对图形进行测量、统计长度，对第二相粒子的粒径和数量、孔径大小、孔径面积和孔隙率进行计算，并将统计结果自动生成图表。此外，该软件的开发者无偿给用户提供源代码，可供用户参考和进一步开发利用。UTHSCSA Image Tool 软件的下载地址为 http：//compdent.uthscsa.edu/dig/itdesc.html。有关 UTHSCSA Image Tool 的使用参考网站提供的使用说明。本实验采用 UTHSCSA Image Tool 3.0 软件对某低碳钢的晶粒尺寸等组织参数进行测量分析。

UTHSCSA Image Tool 软件的窗口与其他图形处理软件相似，包括菜单栏、工具栏、图像窗口、工作区以及状态栏，它的特点是具有一个类似 Excel 表格的统计窗口，UTHSCSA Image Tool 软件窗口如图 8-1 所示。

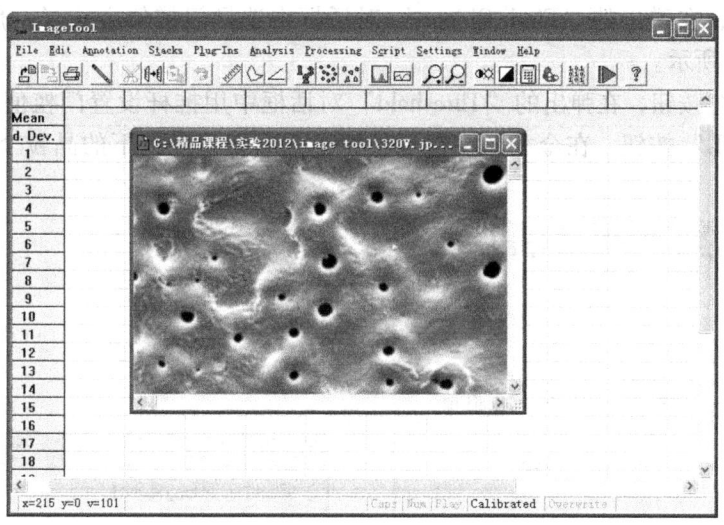

图 8-1　UTHSCSA Image Tool 软件的窗口

3. 实验步骤方法

图 8-2a 所示为某低碳钢的金相图，试采用 Image Tool 软件测量和分析其组织参数。为了保证能进行分析，先采用其他图形软件（如 Photoshop）勾画图 8-2a 中的晶界，以确保金相图中晶界相连，勾画连接好的金相图如图 8-2b 所示。

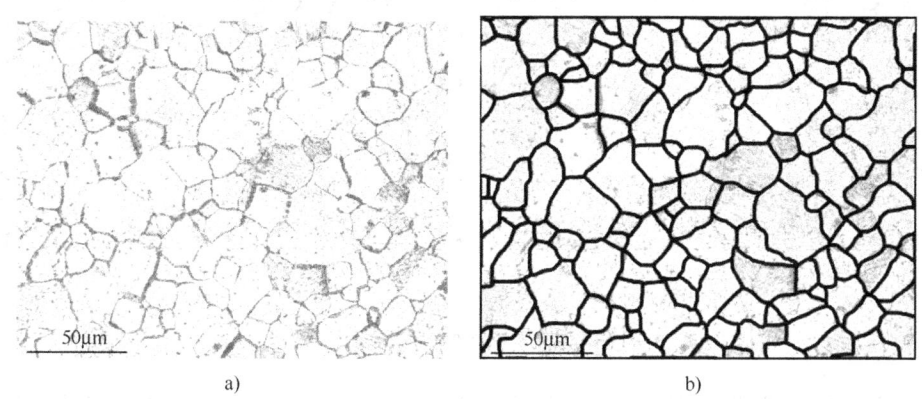

a)　　　　　　　　　　　　　　　　b)

图 8-2　某低碳钢的金相图
a）原金相图　b）勾画连接后的金相图

（1）导入图像　打开 UTHSCSA Image Tool 软件，选择菜单命令"File"→"Import Image"，打开连接好的金相图（图 8-2b）。

（2）校对图像标尺　选择菜单命令"settings"→"Calibrate Spatial Measurements"，用出现的画笔工具在图 8-2b 中已知长度处（50μm 标尺）画一条与标尺一样长的直线，在弹出的"How Long Is The Line?"对话框中选择对应的标尺长度,如图8-3所示。

(3) 设置图像研究对象门槛值 选择菜单命令"Analysis"→"Object Analysis"→"Find Objects",在弹出的"Find Objects"对话框中选择门槛值方式(一般选择"Manual"),如图8-4所示。

单击"OK"按钮,在弹出的"Threshold"对话框中用推杆设置门槛值,如图8-5a所示。再单击"OK"按钮,在金相图中自动标注出该门槛值条件下的晶粒个数,如图8-5b所示。

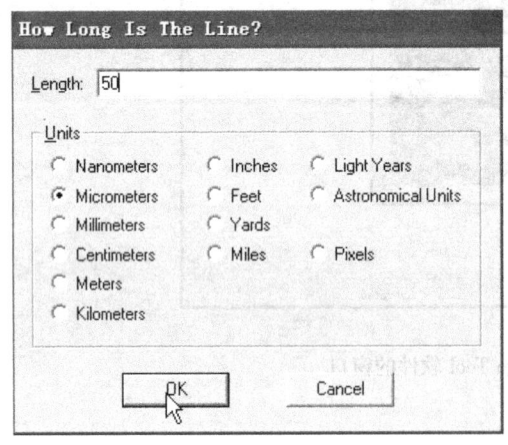

图8-3 "How Long Is The Line?"对话框选择对应的标尺

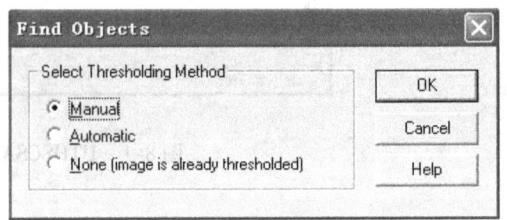

图8-4 "Find Objects"窗口

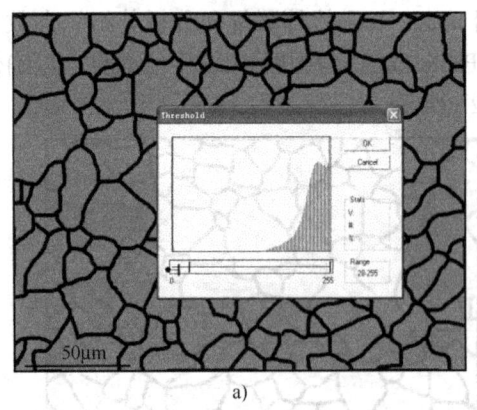
a)

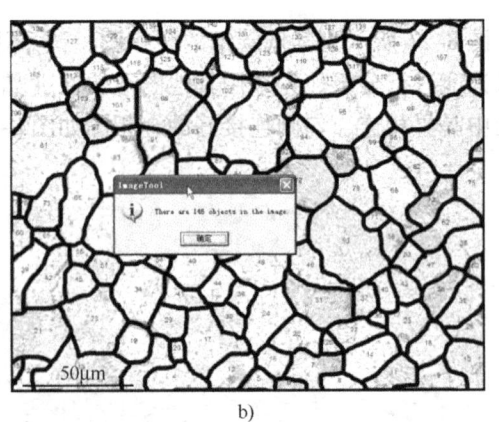
b)

图8-5 设置图像研究对象门槛值

(4) 晶粒大小分类 在图8-5b中共发现了146个"Objects"对象,选择菜单命令"Analysis"→"Object Analysis"→"Classification",在弹出的"Define Object Classifications"对话框中的"Attribute"下拉列表框中选择"Feret Diameter"("Feret"直径为与该颗粒面积相等的圆的直径),在"Classifications"栏中设置"Feret"直径大小分类栏区间,对金相图中的晶粒尺寸进行分类,如图8-6所示。单击"OK"按钮,软件自动计算出平均直径为19.6μm,在金相图中用不同颜色代表不同大小的晶粒和计算得出各晶粒的分类数据,如图8-7所示。查阅相关手册,得出该金相图的晶粒度为8~9级。

此外，如选择该软件的菜单命令"Analysis"→"Distance"，用出现的画笔工具在图中拉出一条直线，则可对图中拉出的直线进行测量；如选择菜单命令"Analysis"→"Area"，用出现的画笔工具在图中勾画一个面积，则可对图中勾画出的面积进行测量；如选择菜单命令"Analysis"→"Angle"，用出现的画笔工具在图中勾画一个角度，则可对图中勾画出的角度进行测量。通过上述方法用该软件可以对金相图片或扫描电子显微镜（SEM）图片中的粒径、孔径、孔面积、单位面积上的孔面积进行计算，自动生成统计图表。

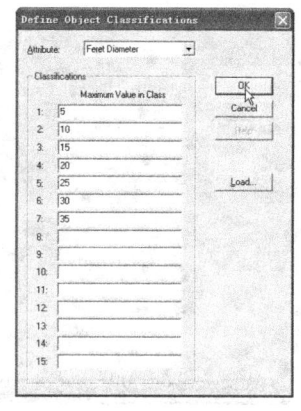

图 8-6 "Define Object Classifications"对话框

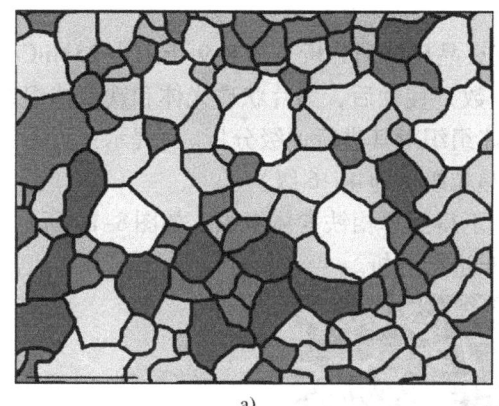

图 8-7 不同的晶粒大小的分类
a）不同颜色代表不同大小的晶粒 b）分类表

4. 练习及思考题

1）二氧化钛微弧氧化多孔膜分析。图 8-8a 所示为 320V 下二氧化钛微弧氧化多孔膜的 SEM 照片，试用 UTHSCSA Image Tool 软件对该 SEM 图像中的膜孔数量和孔径大小进行分析。（分析结果参考图 8-8b）

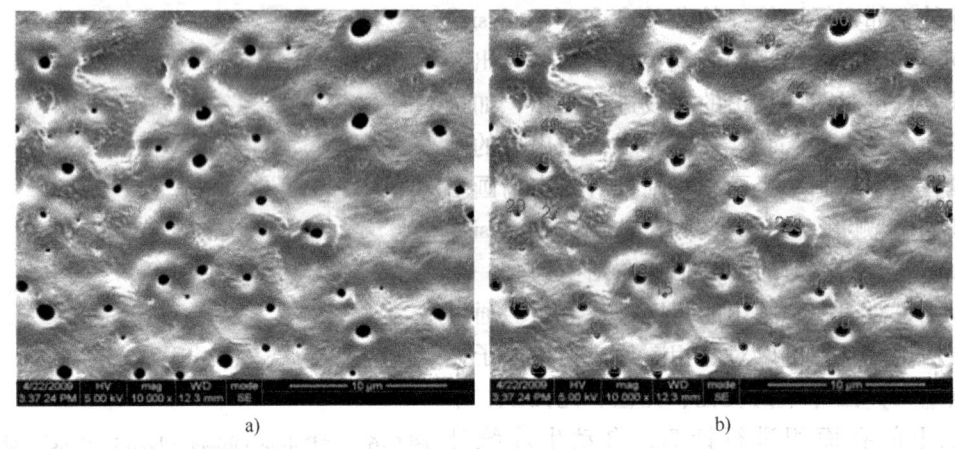

图 8-8 二氧化钛微弧氧化多孔膜的 SEM 照片

2) 25MnCr5 钢锻造正火晶粒级别分析。图 8-9 所示为 25MnCr5 钢锻造正火组织,采用 4% 硝酸酒精溶液(体积分数)侵蚀后,为片状珠光体和铁素体组织,铁素体沿奥氏体晶界分布。采用软件根据珠光体组织对其进行评级分析。(提示:先沿铁素体晶界勾画晶粒,而后再进行评级分析,评定晶粒级别为 4~6 级)

3) 某材料在退火工艺下得到单相铁素体组织,如图 8-10 所示,采用软件对该金相组织的晶粒尺寸及晶粒大小分布进行分析。

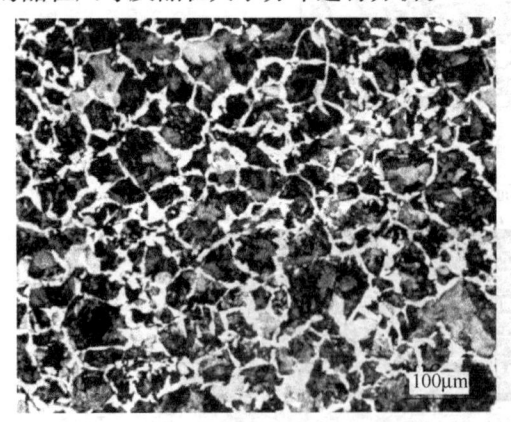 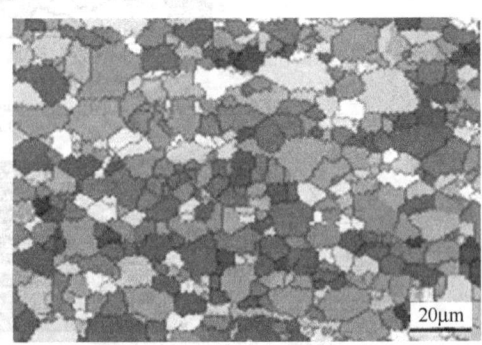

图 8-9 25MnCr5 钢锻造正火组织   图 8-10 某材料退火工艺下得到单相铁素体组织

4) 图 8-11 所示为纳米氧化锆团聚粉 SEM 照片,采用软件对该纳米氧化锆团聚粉颗粒大小及分布进行分析和统计。

5) 图 8-12 所示为某材料的金相组织图,采用 UTHSCSA Image Tool 软件分析图中第二相的含量。(提示:采用二值化图形,用充填的方法将图像分为黑白两项,选择菜单命令 "Analysis" → "Count Black/White Pixel" 计算黑白两项的像素点。参考答案:第二相体积分数为 1.54%。)

6) 对于材料多相组织,在测量和计算机分析过程中应如何考虑?

实验8 材料组织参数数字图像分析

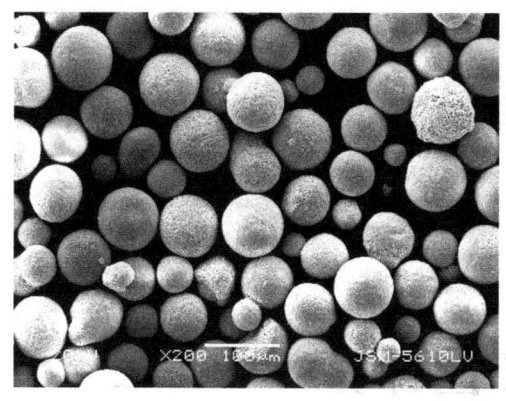

图 8-11 纳米氧化锆团聚粉 SEM 照片

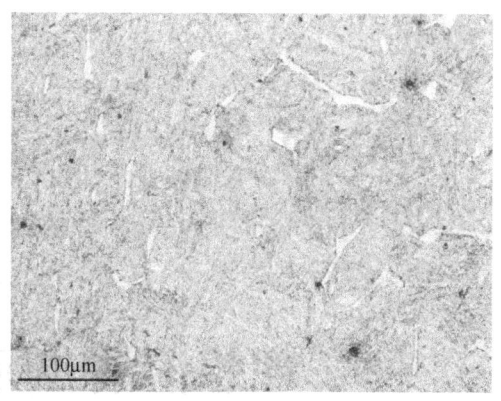

图 8-12 某材料的金相组织图

实验 9

理想溶液二元相图计算

1. 实验目的

1) 了解相图在材料科学与工程中的意义和理想溶液二元匀晶相图的计算方法。
2) 用 C 语言或其他语言编程计算理想溶液二元匀晶相图。
3) 了解当前国内外相图计算软件现状,用相图计算软件进行相图计算。

2. 实验原理概述

问题的提出——理想溶液二元匀晶相图计算。

NiO – MgO 为液相、固相连续互溶二元体系,液相和固相均为理想溶液。已知 NiO 和 MgO 的熔点分别为 1960℃ 和 2800℃,熔化热分别为 52.3kJ/mol 和 77.4kJ/mol,以纯液态 NiO 作为 NiO 的标准态,纯固态 MgO 作为 MgO 的标准态,计算该二元体系相图。

(1) 理想溶液相图计算理论

1) 二元理想溶液混合体系的组成与 G_m 的关系。对于 A、B 二组分 1mol 理想溶液混合体系,G_m 与温度和成分的关系为

$$G_m = (x_A G_{m,A}^* + x_B G_{m,B}^*) + \Delta G_m^M \tag{9-1}$$
$$= (x_A G_{m,A}^* + x_B G_{m,B}^*) + RT(x_A \ln x_A + x_B \ln x_B)$$

从平衡相研究出发,则必须与其化学位 μ_A 联系起来,因为在研究相平衡系统时,必然要用到同一组分在各相中的 μ_A 相等这一条件。

2) μ_A 与 G_m 的关系。根据化学位的求法可得

$$\mu_A = G_m + x_A \left(\frac{dG_m}{dx_A}\right)$$

将式 (9-1) 代入上式得

$$\mu_A = G_{m,A}^* + RT \ln x_A \tag{9-2}$$

同理可得

$$\mu_B = G_{m,B}^* + RT \ln x_B \tag{9-3}$$

设在温度 T 时,α、β 两相达到平衡,则有

$$\mu_A^\alpha = \mu_A^\beta, \quad \mu_B^\alpha = \mu_B^\beta$$

对于组分 A，将式（9-2）代入上式，得

$$G_{m,A}^*(\alpha) + RT\ln x_A^\alpha = G_{m,A}^*(\beta) + RT\ln x_A^\beta$$

移项整理得

$$\frac{x_A^\alpha}{x_A^\beta} = \exp\frac{1}{RT}[G_{m,A}^*(\beta) - G_{m,A}^*(\alpha)] = \exp\left(\frac{1}{RT}\Delta G_{m,A}^*\right) \qquad (9\text{-}4)$$

同理可得

$$\frac{x_B^\alpha}{x_B^\beta} = \exp\frac{1}{RT}[G_{m,B}^*(\beta) - G_{m,B}^*(\alpha)] = \exp\left(\frac{1}{RT}\Delta G_{m,B}^*\right) \qquad (9\text{-}5)$$

利用式（9-4）和式（9-5）即可计算理想溶液平衡两相组成。

（2）规则溶液模型简介　实际溶液的性质一般都与理想溶液的性质有偏差，这种偏差有时很大，这时不能直接用理想溶液模型描述。希尔德布兰德（Hildebrand）发现这些溶液中有相当一部分不具备理想溶液的性质，但可以像理想溶液一样，用简单的数学式表示，这类溶液为规则溶液。由于篇幅限制，规则溶液模型的计算不在本实验中讨论，有兴趣的同学可以参考有关资料。

（3）相图计算软件简介　当今相图计算软件主要有瑞典皇家工学院材料科学与工程系为主开发的 Thermo-Calc 系统和加拿大蒙特利尔多学科性工业大学计算热力学中心为主开发的 FACT（Facility for the Analysis of Chemical Thermodynamics）系统，这些软件的共同特点是集成了具有自洽性的热化学数据库和先进的计算软件。

3. 实验步骤方法

（1）数据准备　以 NiO-MgO 体系为例进行计算。以纯液态 NiO 作为 NiO 的标准态，纯固态 MgO 作为 MgO 的标准态，则 $\Delta G_{m,MgO}^*$ 和 $\Delta G_{m,NiO}^*$ 近似计算式为

$$\Delta G_{m,MgO}^* = 77400 \times \left(1 - \frac{T}{3073}\right) \qquad (9\text{-}6)$$

$$\Delta G_{m,NiO}^* = 52300 \times \left(1 - \frac{T}{2233}\right) \qquad (9\text{-}7)$$

将式（9-4）和式（9-5）用于 NiO-MgO 体系，设液（l）相为 β，固（s）相为 α，则有

$$x_{MgO}^s = x_{MgO}^l \exp\left(\frac{\Delta G_{m,MgO}^*}{RT}\right) \qquad (9\text{-}8)$$

同理可得

$$x_{NiO}^s = x_{NiO}^l \exp\left(\frac{\Delta G_{m,NiO}^*}{RT}\right) \qquad (9\text{-}9)$$

又因为 $1 - x_{MgO}^s = x_{NiO}^s$，$1 - x_{MgO}^l = x_{NiO}^l$，则式（9-9）可写为

$$1 - x_{MgO}^s = (1 - x_{MgO}^l) \exp\left(\frac{\Delta G_{m,NiO}^*}{RT}\right) \qquad (9\text{-}10)$$

联立式（9-8）和式（9-10），得到式（9-11）和式（9-12），由式（9-11）和式

(9-12) 即可计算 NiO – MgO 完全固溶体系相图。

$$x_{MgO}^l = \frac{1 - \exp\left(\frac{\Delta G_{m,NiO}^*}{RT}\right)}{\exp\left(\frac{\Delta G_{m,MgO}^*}{RT}\right) - \exp\left(\frac{\Delta G_{m,NiO}^*}{RT}\right)} \quad (9\text{-}11)$$

$$x_{MgO}^s = \frac{\left[1 - \exp\left(\frac{\Delta G_{m,NiO}^*}{RT}\right)\right]\exp\left(\frac{\Delta G_{m,MgO}^*}{RT}\right)}{\exp\left(\frac{\Delta G_{m,MgO}^*}{RT}\right) - \exp\left(\frac{\Delta G_{m,NiO}^*}{RT}\right)} \quad (9\text{-}12)$$

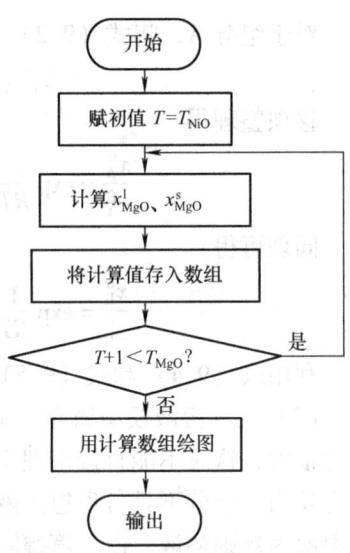

图 9-1 计算、绘制 NiO – MgO 相图的程序框图

（2）程序设计 图 9-1 所示为计算、绘制 NiO – MgO 相图的程序框图。程序可以采用 C 语言或其他软件，采用 Tubor C 编程的 NiO – MgO 相图计算程序见文件 NiO – MgO.C。采用 MATLAB 软件能很好地实现 NiO – MgO 相图的计算，而且还能实现在该相图中对平衡相进行计算。

（3）计算结果 图 9-2a 和图 9-2b 所示分别为采用 C 语言编程和 MATLAB 软件计算、绘制的 NiO – MgO 相图，将该计算结果与实测相图对比，能很好吻合。

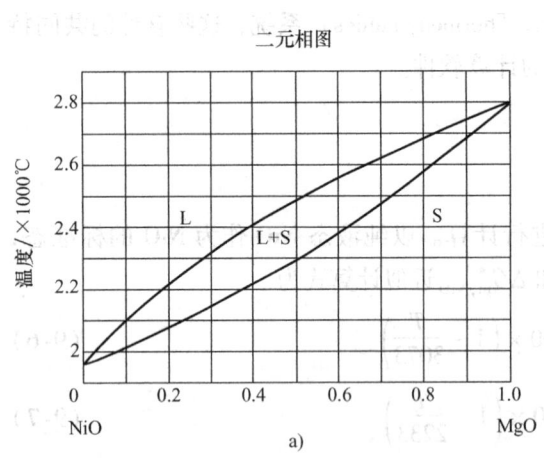
a)

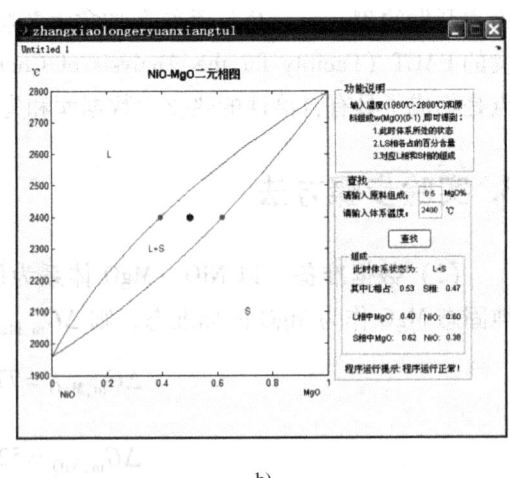
b)

图 9-2 NiO – MgO 相图计算结果
a) C 语言编程计算 b) MATLAB 软件计算

4. 练习及思考题

1）计算绘制 Bi – Sb 二元相图。已知 Bi – Sb 二元相图为匀晶相图，设该系统为理想溶液。计算并绘出相图，将计算绘制的相图与资料中实测的 Bi – Sb 二元相图进行比较。$\Delta G_{m,Bi}^*$ 和 $\Delta G_{m,Sb}^*$ 分别为 Bi 和 Sb 的标准摩尔自由能。

$$\Delta G_{m,Bi}^* = 11000 \times \left(1 - \frac{T}{546}\right)$$

$$\Delta G_{m,Sb}^* = 20080 \times \left(1 - \frac{T}{903}\right)$$

[提示：Bi 和 Sb 的熔点分别为 271.4℃ 和 630.76℃。根据式（9-4）和式（9-5），用 MATLAB 对不同温度下 Sb 的液固相点进行计算，得出不同温度下对应的液、固相含量。将计算结果导出到数据文件（包括 x_{Sb}^l、x_{Sb}^s 和 T），而后用 Origin 绘图，得出 Bi – Sb 二元固溶体相图。图 9-3a 和图 9-3b 所示分别为计算得到的和资料中实测的 Bi – Sb 二元相图，可以看出计算的相图与实际的相图较为一致，证明 Bi – Sb 体系基本符合理想溶液模型。]

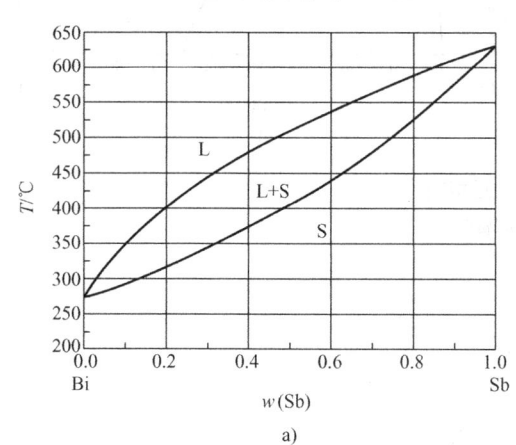
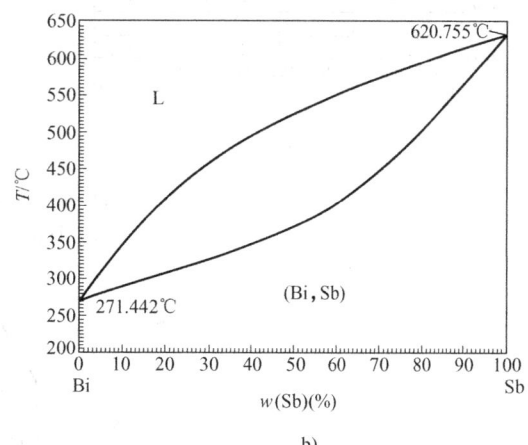

图 9-3 Bi – Sb 二元相图
a) 计算 b) 文献资料

2) 理想溶液 Mo – Ru 二元共晶相图的计算与绘制。

已知：$\Delta G_{Mo}^{*\beta\to L} = 8.4 \times (2900 - T)$，$\Delta G_{Ru}^{*\beta\to L} = 11.76 \times (1420 - T)$，$\Delta G_{Ru}^{*\varepsilon\to L} = 8.4 \times (2550 - T)$，$\Delta G_{Mo}^{*\varepsilon\to L} = 8.4 \times (1900 - T)$。其中 $\Delta G_{Mo}^{*\beta\to L}$、$\Delta G_{Ru}^{*\beta\to L}$、$\Delta G_{Ru}^{*\varepsilon\to L}$ 和 $\Delta G_{Mo}^{*\varepsilon\to L}$ 分别为各相的标准摩尔自由能。设 L、β、ε 均为理想溶液，两相平衡时同一组元在两相中的化学位相等。给定一系列温度，分别计算 L – β、L – ε、β – ε 三种两相平衡的成分，作图找出共晶温度。可用解析法计算，也可编程计算。

要求：计算并绘出相图，将计算绘制的相图与实际 Mo – Ru 二元共晶相图进行比较。

（提示：查得 Mo 的熔点为 2623℃，Ru 的熔点为 2334℃，因为有 L、β 和 ε 三相，因此要分别计算 L – β、L – ε、β – ε 三种两相平衡的成分。应分段计算 L – β、L – ε、β – ε 三种两相平衡的数据点。其余方法与计算绘制 Bi – Sb 二元固溶体相图类似。图 9-4a 和图 9-4b 所示分别为计算得到的和资料中实测的 Mo – Ru 二元相图，可以看出计算的相图与实际的相图有一定的误差，说明 Mo – Ru 体系偏离理想溶液模型。）

3) 计算 Al – Mg – Si 三元相图。采用 PANDAT8.0 软件计算 Al – Mg – Si 三元体系在 500℃ 和 600℃ 时的等温截面相图。（500℃ 等温截面相图计算结果如图 9-5 所示。）

4) 计算 Al – 5Cu – 10Mg – 3Si 相组成。采用 PANDAT8.0 软件计算 Al – 5Cu – 10Mg – 3Si （摩尔分数）铝合金在 500℃ 和 600℃ 时的相组成。（500℃ 计算结果的参考答案见表 9-1。）

5) 在剑桥大学本科课程教学网站上（http://www.msm.cam.ac.uk/phase – trans/2002/

MTDATA/index.htm）下载"MTDATA.PPT"，学习了解相图计算的研究现状等内容。

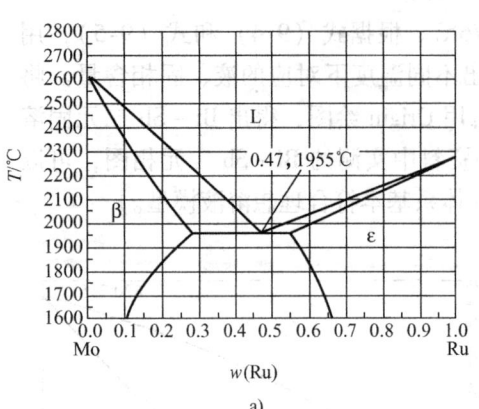
a)

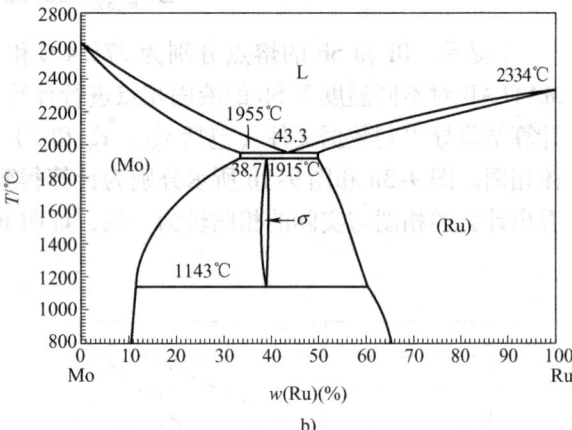
b)

图 9-4　Mo-Ru 二元相图
a）计算　b）文献资料

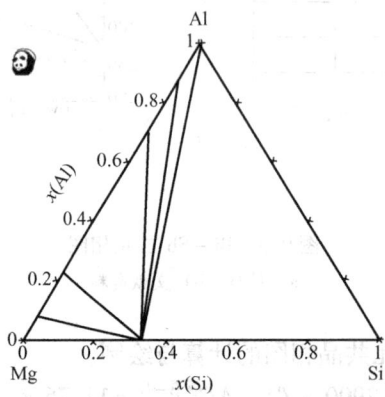

图 9-5　Al-Mg-Si 三元体系在 500℃ 时的等温截面相图

表 9-1　Al-5Cu-10Mg-3Si 铝合金 500℃ 的相组成计算结果

x（Al）（%）	82			
x（Cu）（%）	5			
x（Mg）（%）	10			
x（Si）（%）	3			
G/（J/mol）	-33615.6			
稳定相	Mg_2Si	fcc-Al	S 相	θ-$CuAl_2$
体积分数	0.0879296	0.776907	0.102619	0.0325443
G/（J/mol）	-45777.1	-30204.2	-45873.3	-43544.4
H/（J/mol）	-8952.43	13123.1	-3680.33	-2081.01
S/［J/（K·mol）］	47.6294	56.04	54.5728	53.6292
$c_{p,m}$［J/（K·mol）］	28.5159	30.2965	29.4513	29.4611
x（Al）（%）	—	0.96103	0.5	0.677839
x（Cu）（%）	—	0.0178409	0.25	0.322161
x（Mg）（%）	0.666667	0.0202411	0.25	—
x（Si）（%）	0.333333	0.000888293	—	—

实验 10

Thermo – Calc 软件相图计算

1. 实验目的

1）了解 Thermo – Calc 软件和数据库。
2）用 Thermo – Calc 软件计算 Fe – Cr – C 垂直截面和等温截面相图。
3）用 Thermo – Calc 软件计算 Al – 1Mg – 1Si 等相图。

2. 实验原理概述

Thermo – Calc 是各种热力学和相图计算的通用和柔性软件包，是建立在强大的吉布斯自由能最小化基础之上的，它是 30 多年 100 人·年的劳动强度以及多项国际合作的结果。Thermo – Calc 软件可使用多种热力学数据库，特别是热力学数据库的国际合作组织 SGTE（Scientific Group Thermodata Europe）开发的数据库。

Thermo – Calc 获得了世界性的计算多元相图最好软件的荣誉，今天遍及世界的多于 600 家用户安装了该软件，这些用户包括科技和非科技的研究院所，在技术上具有很高的参考价值。它是仅有的一款能够计算有多于 5 个独立变量的非常复杂的多元不均匀体系任意相图截面的软件，也有很多计算其他类型图的工具，如 CVD 沉积、Scheil – Gulliver 凝固模拟、Pourbaix 图、气体分压等。本实验采用 Thermo – Calc（Demo 版）(在 http：//www.thermocalc.com/DOWNLOAD_ AREA/Demos.html 网址下载)，对 Fe – 8Cr – C 垂直截面相图进行计算，使学生初步了解采用计算机软件进行相图计算的过程。

3. 实验步骤方法

1）打开 Thermo – Calc 软件，在"TCW MATERIAL"窗口中选择"FEDAT"数据库，并选中 Fe、Cr 和 C 三个元素，如图 10-1 所示。

2）单击"OK"按钮，进入"TCW CONDITIONS"窗口，选择温度 1673K，压力 10000Pa，并选择 C 和 Cr 的质量分数分别为 0.1% 和 8%，如图 10-2 所示。

3）单击"Apply"按钮，出现相图的计算结果。选择菜单命令"Define" → "Map/Step"，选择"W（C）"变量为"Axis 1"和"T"变量为"Axis 2"，如图 10-3 所示。

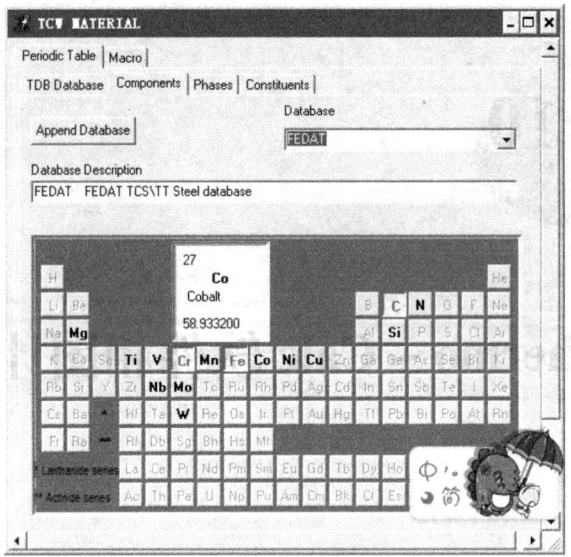

图 10-1 "TCW MATERIAL" 窗口

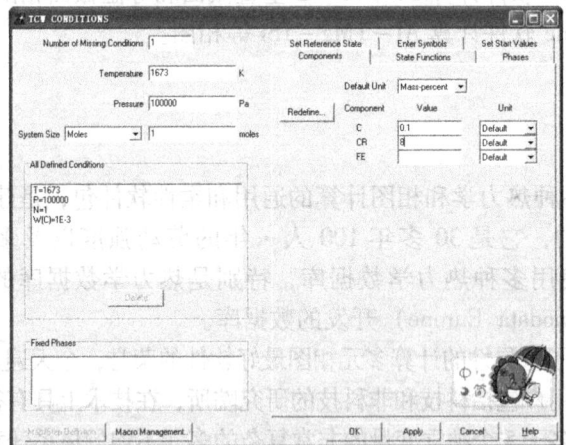

图 10-2 "TCW CONDITIONS" 窗口

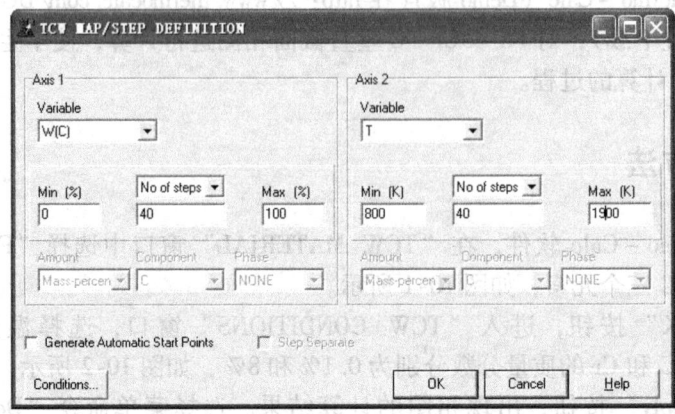

图 10-3 "TCW MAP/STEP DEFINITION" 窗口

4) 选择相图名称和坐标轴单位,单击"OK"按钮,计算得到 Fe-8Cr-C 相图,如图 10-4 所示。进一步调整坐标轴,添加标签,单击"OK"按钮,得到调整坐标轴后的相图,如图 10-5 所示。

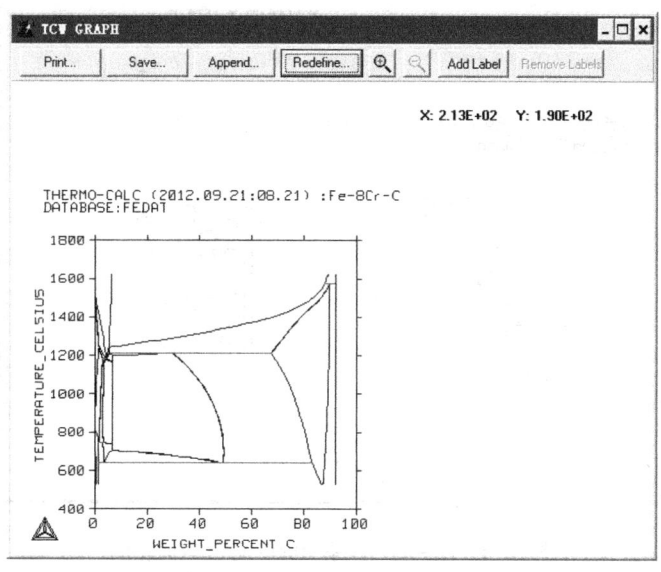

图 10-4　计算得到 Fe-8Cr-C 相图

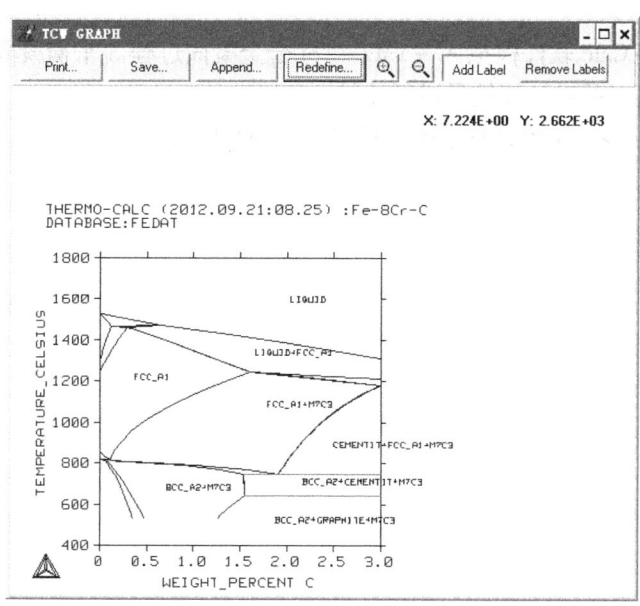

图 10-5　调整坐标轴后的 Fe-8Cr-C 相图

4. 练习及思考题

1) 计算 Fe-Cr-C 系 1000K 等温截面相图。选择压力为 10000Pa,并选择 C 和 Cr 的摩

尔分数均为 0.1%。(参考答案如图 10-6 所示)

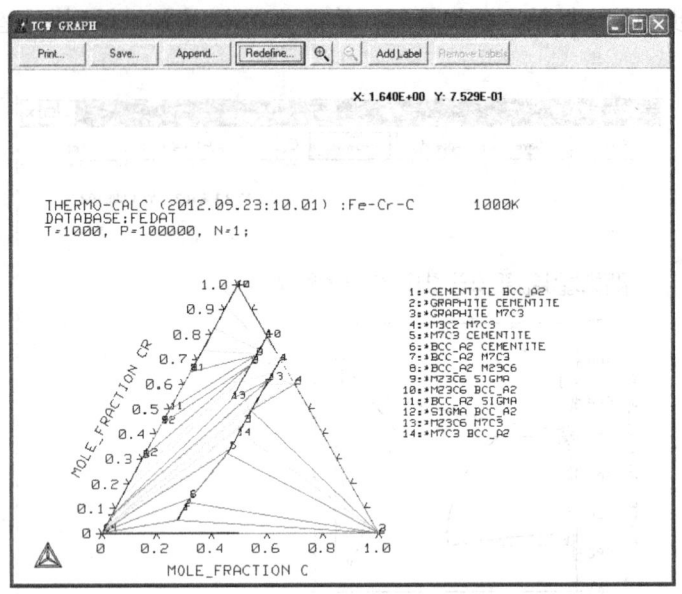

图 10-6 Fe-Cr-C 系 1000K 等温截面相图

2）用 Thermo-Calc 软件和数据库计算 Fe-1Cr-0.1C 和 Fe-20Cr-2C 合金相图，并对计算结果进行比较。

3）用 Thermo-Calc 软件模拟 Al-1Mg-1Si 合金凝固过程（平衡凝固和 Scheil-Gulliver 模型的非平衡凝固），并对计算结果进行比较。

4）用 Thermo-Calc 相图计算系统计算 $CaO-SiO_2$ 相图。

实验 11

连续冷却转变图（CCT 曲线）测定

1. 实验目的

1）了解钢的连续冷却转变图的概念及其应用。
2）了解钢的连续冷却转变图的测量方法，利用热模拟机建立钢的连续冷却转变图。

2. 实验原理概述

当材料在加热或冷却过程中发生相变时，若高温组织及其转变产物具有不同的比体积和膨胀系数，则相变引起的体积效应会叠加在膨胀曲线上，破坏膨胀量与温度间的线性关系，从而可以根据热膨胀曲线上所显示的变化点来确定相变温度。这种根据试样长度变化研究材料内部组织变化规律的方法称为热膨胀法（膨胀分析）。长期以来，热膨胀法已成为材料研究中常用的方法之一。通过膨胀曲线分析，可以测定相变温度和相变动力学曲线。

钢的密度与热处理所得到的显微组织有关。钢中各相膨胀系数由大到小的顺序为奥氏体＞铁素体＞珠光体＞上、下贝氏体＞马氏体；比体积则相反，其顺序为马氏体＞铁素体＞珠光体＞奥氏体＞碳化物（但铬和钒的碳化物＞奥氏体）。从钢的热膨胀特性可知，当碳素钢加热或冷却过程中发生一级相变时，钢的体积将发生突变。过冷奥氏体转变为铁素体、珠光体或马氏体时，钢的体积将膨胀；反之，钢的体积将收缩。冷却速度不同，相变温度不同。图 11-1 所示为某钢冷却时的膨胀曲线。不同的钢有不同的热膨胀曲线。

钢的连续冷却转变（Continuous Cooling Transformation）图，简称 CCT 曲线，系统地表示冷却速率对钢的相变开始点、相变速率和组织的影响情况。钢的普通热处理、形变热处理、热轧以及焊接等生产工艺，均是在连续冷却的状态下进行的。因此连续冷却转变图是制订金属加工工艺、热处理工艺等的重要依据，研制新钢种、优化轧制工艺制度、确定轧后冷却制度、制订钢的热处理工艺等都需要参考所加工钢种的连续冷却转变图。连续冷却转变图的测定方法有多种，有金相法、膨胀法、磁性法、热分析法、末端淬火法等。除了最基本的金相法外，其他方法均需要用金相法进行验证。

用热模拟机可以测出不同冷却速率下试样的膨胀曲线。发生组织转变时，冷却曲线偏离纯冷线性收缩，曲线出现拐折，拐折起点和终点所对应的转变温度分别是相变开始点和终止

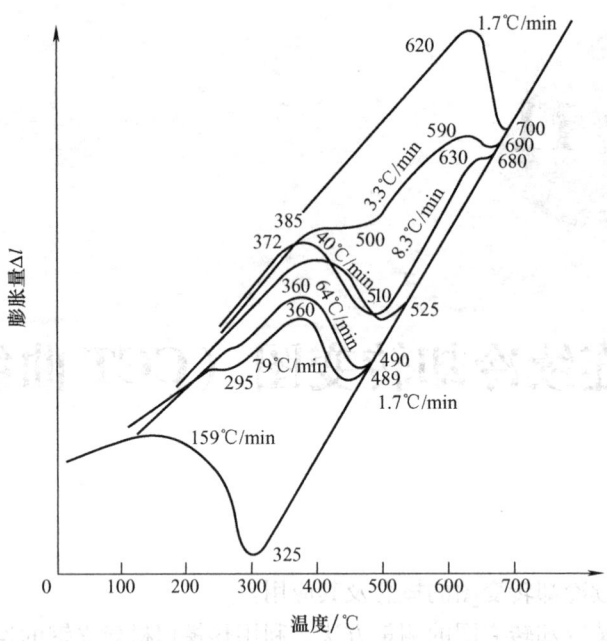

图 11-1 某钢冷却时的膨胀曲线

点。将各个冷却速率下的开始温度、结束温度和相转变量等数据综合绘在温度 – 时间的对数坐标中,即得到钢的连续冷却转变图(例如图 11-2)。

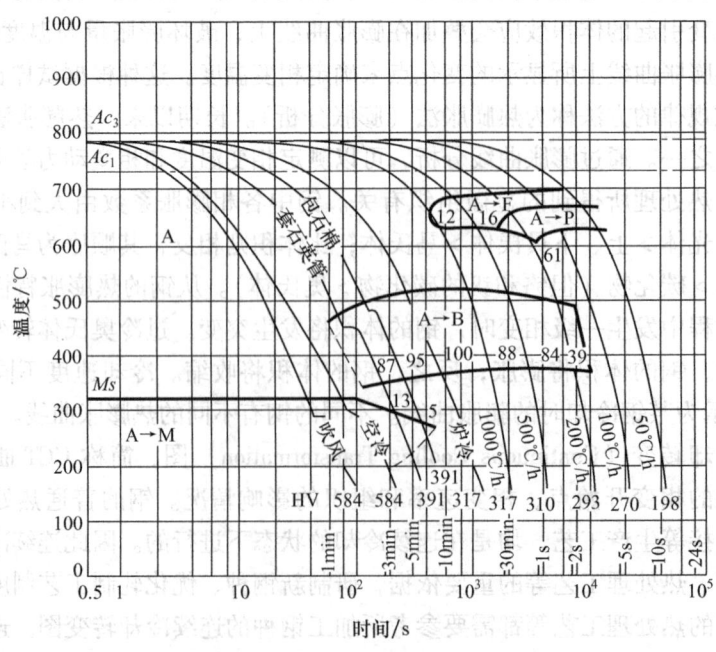

图 11-2 某钢的连续冷却转变图

动态热 – 力学模拟实验机 Gleeble3500 测定材料高温性能的原理如下:用主机中的变压器对被测定试样通电流,通过试样本身的电阻热加热试样,使其按设定的加热速度加热到测试温度。保温一定时间后，以一定的冷却速率进行冷却。在加热、保温和冷却过程中用径向膨胀仪测量均温区的径向位移量（即膨胀量），绘制膨胀量-温度曲线，如图 11-1 所示，测试不同冷却速率下试样的膨胀量-温度曲线。根据膨胀量-温度曲线确定不同冷却速率下的相变开始点和结束点，即可绘制连续冷却转变图。

3. 实验结果与分析

无碳化物贝氏体/马氏体（CFB/M）复相高强度钢在910℃时为奥氏体，用 Thermecmastor–Z 热模拟实验机测得的珠光体转变开始数据和结束数据见表 11-1，测得的贝氏体转变开始和结束数据见表 11-2。测得该材料的临界点为：$Ac_3 = 807℃$，$Ac_1 = 769℃$，$Ms = 295℃$，$Mf = 160℃$。

表 11-1 珠光体转变开始和结束数据

	珠光体转变开始							珠光体转变结束		
时间/s	6747	3495	880	455	198	542	1160	6086	8348	6450	10261
温度/℃	670	660	600	592	579	530	510	480	620	581	540

表 11-2 贝氏体转变开始和结束数据

	贝氏体转变开始						贝氏体转变结束				
时间/s	95	160	336	748	1473	6704	215	447	943	1931	8904
温度/℃	290	333	355	386	410	437	160	194	212	240	265

1）打开 Origin 软件，选择菜单命令 "File" → "New"，在工作表中输入数据，在作图窗口中设置 x 轴为对数坐标轴，如图 11-3 所示。

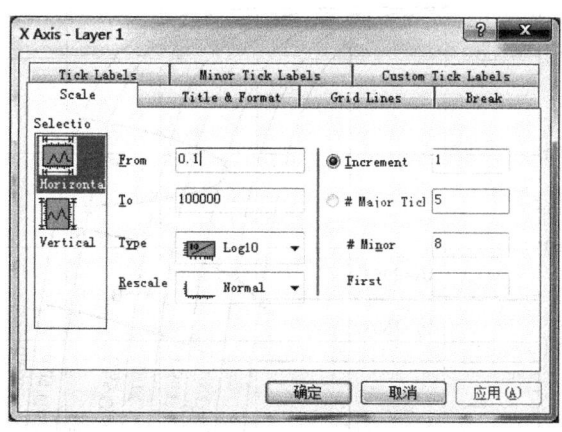

图 11-3 x 轴设置

2）按表 11-3 设置冷却速率曲线。在 "Function 1" 窗口中单击 "New Function"，设置冷却速率为 7℃/s 的曲线函数，如图 11-4 所示。同理设置并绘制冷却速率为 3.5℃/s、1.56℃/s、0.7℃/s、0.35℃/s、0.07℃/s 和 0.035℃/s 的冷却速率曲线，完成设置并绘制的图形窗口如图 11-5 所示。

表11-3 冷却速率曲线

曲线号	1	2	3	4	5	6	7
冷却速度/(℃/s)	7	3.5	1.56	0.7	0.35	0.07	0.035

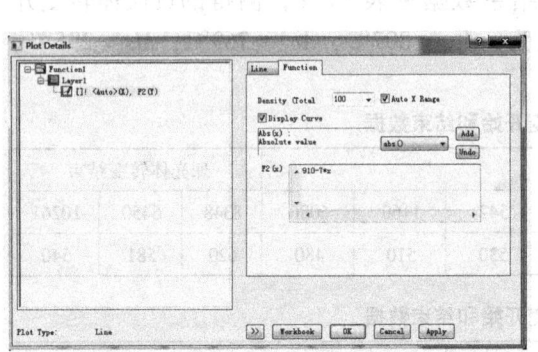

图 11-4 冷却速率曲线函数设置　　　　图 11-5 完成设置并绘制的图形窗口

3) 添加实验数据、调整图形和进行其他设置后,得到连续冷却转变图,如图 11-6 所示。

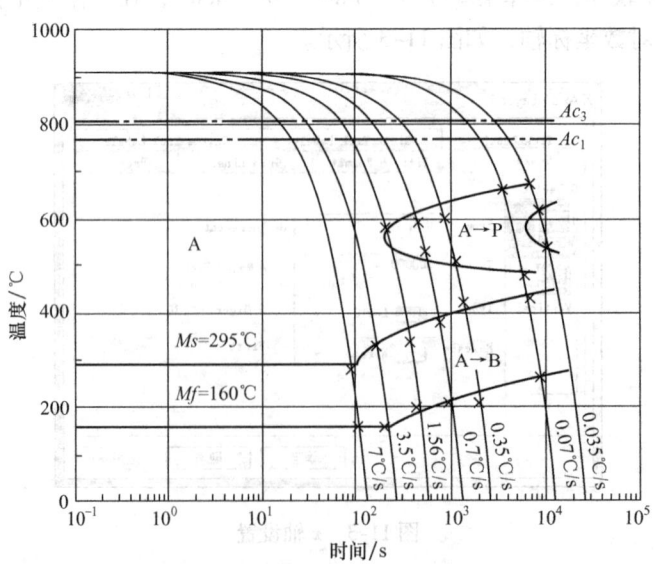

图 11-6 无碳化物贝氏体/马氏体 (CFB/M) 复相高强度钢新钢种的连续冷却转变图

从该连续冷却转变图上可以得出:当冷却速率 >1.56℃/s 时,该复相高强度钢不发生珠光体转变;当冷却速率 >7℃/s 时,该复相高强度钢不发生贝氏体转变,仅发生马氏体转变。

4. 练习及思考题

测定和绘制某低碳钢的连续冷却转变图。试样均以5℃/s的速率加热到1000℃，采用Thermecmastor–Z热模拟实验机和金相法测得以0.05℃/s、0.1℃/s、0.2℃/s、0.5℃/s、1℃/s、2℃/s、5℃/s、10℃/s、20℃/s和30℃/s速率冷却到室温的数据。实验试样硬度检测结果和各转变产物及临界点见表11-4（参考答案参见图11-7和参考文献[9]）。

表11-4　实验试样硬度检测结果和各转变产物及临界点

冷却速率 /(℃/s)	硬度 HRB	A→F 转变温度/℃		A→P 转变温度/℃		B 转变温度/℃		M 转变温度/℃	
		开始	结束	开始	结束	开始	结束	开始	结束
0.05	81	772	686	686	643	—	—	—	—
0.1	82	768	680	680	636	—	—	—	—
0.2	82	766	674	674	632	—	—	—	—
0.5	84	756	665	666	619	—	—	—	—
1	85	743	645	645	608	—	—	—	—
2	85	730	639	639	597	—	—	—	—
5	87	706	616	616	577	—	—	—	—
10	88	672	583	—	—	583	540	—	—
20	90	—	—	—	—	585	440	350	
30	93	—	—	—	—	586	489	342	

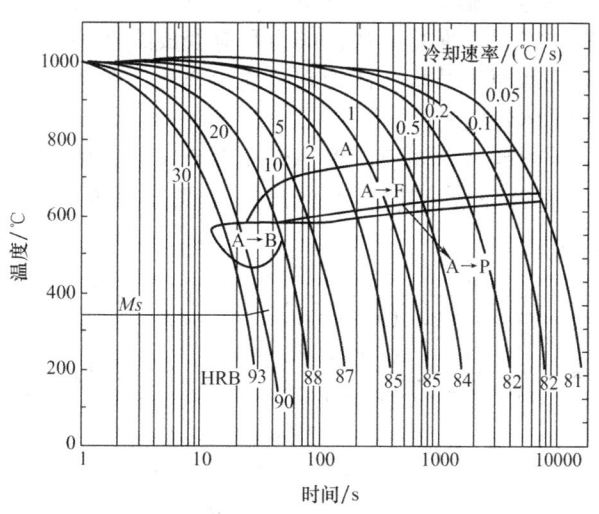

图11-7　绘制的连续转变图

实验 12

刃型位错应力场分量模拟分析

1. 实验目的

1) 了解位错模型假设,掌握刃型位错应力场的计算公式。
2) 用 MATLAB 计算并模拟刃型位错应力场,对实验结果进行分析。
3) 分析其他类型位错的应力场。

2. 实验原理概述

刃型位错模型如图 12-1 所示,通常采用弹性连续介质模型分析刃型位错应力场。该模型假设:①研究的晶体呈完全弹性,即当除去外力之后,物体能完全恢复原状,应力和应变成线性关系。②不考虑晶体的分子和原子结构,认为它是均匀介质,在整个体积内连续分布。③晶体各向同性。

根据以上假设,运用弹性力学知识可以得到在平面应变条件下刃型位错应力场的各应力分量,其由式(12-1)~式(12-5)给出,参见参考文献 [10]。

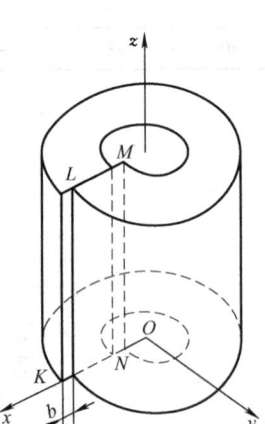

图 12-1 刃型位错模型

$$\sigma_{xx} = -\frac{Gb}{2\pi(1-\nu)} \frac{y(3x^2+y^2)}{(x^2+y^2)^2} \quad (12\text{-}1)$$

$$\sigma_{yy} = -\frac{Gb}{2\pi(1-\nu)} \frac{y(x^2-y^2)}{(x^2+y^2)^2} \quad (12\text{-}2)$$

$$\sigma_{xy} = \sigma_{yx} = -\frac{Gb}{2\pi(1-\nu)} \frac{x(x^2-y^2)}{(x^2+y^2)^2} \quad (12\text{-}3)$$

$$\sigma_{zz} = \nu(\sigma_{xx}+\sigma_{yy}) = -\frac{Gb\nu}{\pi(1-\nu)} \frac{y}{(x^2+y^2)} \quad (12\text{-}4)$$

$$\sigma_{xz} = \sigma_{yz} = 0 \quad (12\text{-}5)$$

3. 实验步骤方法

(1) 应力分量简化 以 σ_{xx} 为例,模拟计算前对式(12-1)进行处理,设 $A =$

$-\dfrac{Gb}{2\pi(1-\nu)}$，则

$$\sigma_{xx} = -\dfrac{Gb}{2\pi(1-\nu)}\dfrac{y(3x^2+y^2)}{(x^2+y^2)^2} = A\dfrac{y(3x^2+y^2)}{(x^2+y^2)^2}$$

再设 $x = r\cos\theta$，$y = r\sin\theta$，代入 σ_{xx}，将应力分量转换为极坐标形式，即

$$\sigma_{xx} = A\dfrac{\sin\theta\,(2\cos^2\theta+1)}{r}$$

(2) 用 MATLAB 计算及模拟应力分量 σ_{xx} 采用 MATLAB 编程，进行模拟计算得到模拟的刃型位错 σ_{xx} 应力分量，如图 12-2 所示。

程序为：

****

```
% MATLAB 编写 M 程序
theta = 0：pi/180：2*pi;
r = sin(theta).*(2+cos(2*theta));
x1 = r.*cos(theta);
y1 = r.*sin(theta);
figure(1)
plot(x1,y1,'r');
hold on;
x2 = r.*cos(theta);
y2 = -r.*sin(theta);
plot(x2,y2);
hold off
```

****

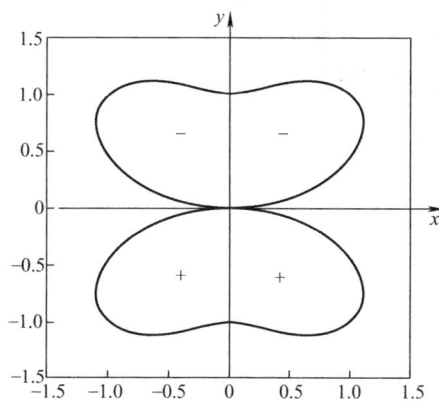

图 12-2 刃型位错 σ_{xx} 应力分量计算结果

4. 练习及思考题

1）模拟计算刃型位错的 σ_{yy}、σ_{xy} 应力分量。（参考答案：刃型位错 σ_{yy} 和 σ_{xy} 应力分量分别如图 12-3a 和图 b 所示）。

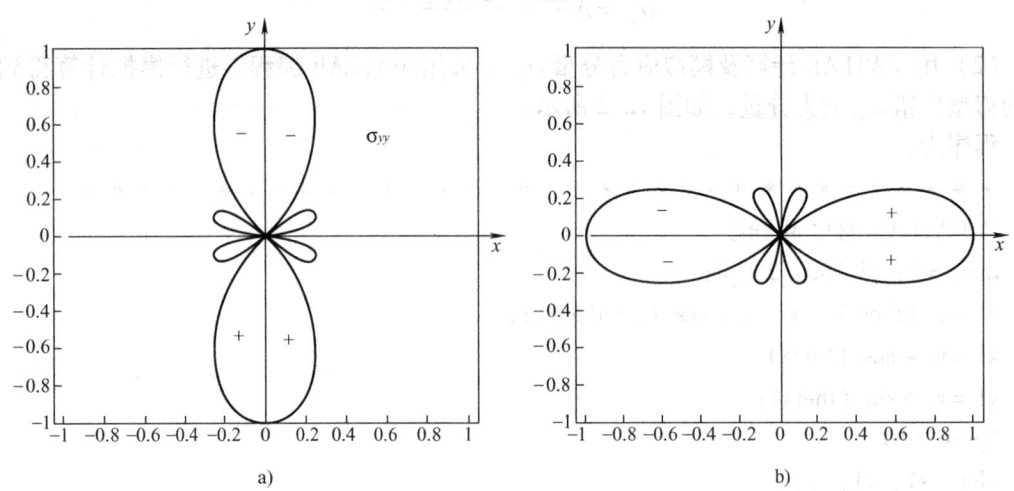

图 12-3　刃型位错 σ_{yy} 和 σ_{xy} 应力分量计算结果
a）σ_{yy} 应力分量　b）σ_{xy} 应力分量

2）刃型位错应力场特点。在 $y>0$ 的区域，σ_{xx} 为负值，即为压应力；在 $y<0$ 的区域，σ_{xx} 为正值，即为拉应力。这与刃型位错插入多余半原子面有关。

从模拟计算结果可知：刃型位错应力场相对于 x 轴、y 轴对称；当 $y=0$ 时（即在滑移面上），没有正应力，只有切应力；当 x、y 趋于无穷大时，应力场为 0；当 x、y 趋于 0 时，应力场公式不符合线弹性理论，没有意义。

3）对螺型位错的应力场进行分析讨论。

实验 13

位错之间弹性交互作用的模拟分析

1. 实验目的

1) 了解位错应力场及位错间的交互作用。
2) 用计算机分析和研究两平行刃型位错间的交互作用,对实验结果进行分析。
3) 探讨各类位错之间的交互作用。

2. 实验原理概述

晶体中的位错会在它的周围产生一个应力场,而任一位错与其相邻位错的应力场都会产生交互作用,其交互作用力随位错类型、柏氏矢量大小、位错线位向的变化而变化。例如,当在位错法线方向加一力 F,使位错线移动 ds 距离时,单位长度上位错受力为

$$f = \frac{F}{dl} = \tau b \tag{13-1}$$

当一位错处在应力场 σ_{ij} ($\sigma_{ij} = \begin{pmatrix} \sigma_{xx} & \sigma_{xy} & \sigma_{xz} \\ \sigma_{yx} & \sigma_{yy} & \sigma_{yz} \\ \sigma_{zx} & \sigma_{xy} & \sigma_{zz} \end{pmatrix}$) 中时,单位长度位错上受力为

$$f = \frac{F}{dl} = (\sigma_{ij}, \ b) \ \times t \tag{13-2}$$

式中,t 为位错线方向的单位矢量,$t = \dfrac{dl}{dl}$。

f 的表达式写成矩阵形式为

$$f = \frac{F}{dl} = (\sigma_{ij}, \ b) \ \times t = \begin{pmatrix} \sigma_{xx} & \sigma_{xy} & \sigma_{xz} \\ \sigma_{yx} & \sigma_{yy} & \sigma_{yz} \\ \sigma_{zx} & \sigma_{xy} & \sigma_{zz} \end{pmatrix} \begin{pmatrix} b_x \\ b_y \\ b_z \end{pmatrix} \times t \tag{13-3}$$

有两平行刃型位错 b_1 和 b_2,若按图 13-1 所示建立坐标系,则位错 b_2 单位长度上受到位错 b_1 的力由式 (13-4) 给出,即

$$f = \frac{F}{dl} = (\sigma_1, \ b_2) \ \times t = \begin{pmatrix} \sigma_{xx} & \sigma_{xy} & 0 \\ \sigma_{yx} & \sigma_{yy} & 0 \\ 0 & 0 & \sigma_{zz} \end{pmatrix} \begin{pmatrix} b_2 \\ 0 \\ 0 \end{pmatrix} \times k \tag{13-4}$$

$$= (\sigma_{xx}b_2 i + \sigma_{yx}b_2 j) \times k = -\sigma_{xx}b_2 j + \sigma_{yx}b_2 i$$

所以

$$\sigma_{xy} = \frac{\mu b_1}{2\pi (1-\nu)} \frac{x(x^2-y^2)}{(x^2+y^2)^2}, \quad \sigma_{xx} = \frac{\mu b_1}{2\pi (1-\nu)} \frac{x(3x^2+y^2)}{(x^2+y^2)^2}$$

得

$$f_x = \sigma_{xy}b_2 = \frac{\mu b_1 b_2}{2\pi (1-\nu)} \frac{x(x^2-y^2)}{(x^2+y^2)^2} \tag{13-5}$$

$$f_y = -\sigma_{xx}b_2 = \frac{\mu b_1 b_2}{2\pi (1-\nu)} \frac{x(3x^2+y^2)}{(x^2+y^2)^2} \tag{13-6}$$

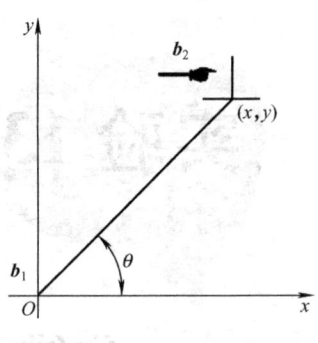

图 13-1 两平行刃型位错 b_1 和 b_2 建立坐标系

f_x 是作用于与 x 轴平行的滑移面上的力, 因此当 y 一定时, 式 (13-5) 可写为

$$f_x = -\frac{\mu b_1 b_2}{2\pi (1-\nu)} \frac{\dfrac{x}{y}\left(1-\dfrac{x^2}{y^2}\right)}{\left(1+\dfrac{x^2}{y^2}\right)^2} \tag{13-7}$$

根据式 (13-7), 可以模拟画出滑移面上作用力分量 f_x 随位错 b_2 位置的分布曲线, 其中 f_x 的单位为 $-\dfrac{\mu b_1 b_2}{2\pi (1-\nu) y}$。根据同号位错相斥、异号位错相吸的原理, 可以模拟出刃型位错的交互作用曲线, 如图 13-2 所示。

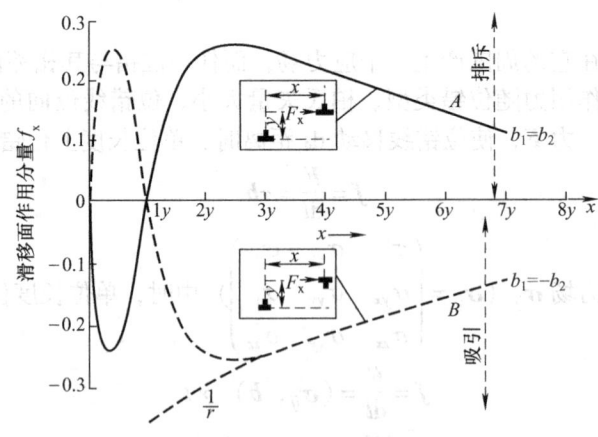

图 13-2 刃型位错的交互作用曲线

3. 实验步骤方法

1) 设 $-\dfrac{\mu b_1 b_2}{2\pi (1-\nu) y}$ 为单位 1, 在 Origin 中输入 $f_x = \dfrac{\dfrac{x}{y}\left(1-\dfrac{x^2}{y^2}\right)}{\left(1+\dfrac{x^2}{y^2}\right)^2}$, x 轴坐标单位为 $1y$、$2y$、$3y$、…; y 轴坐标单位为 $\dfrac{\mu b_1 b_2}{2\pi (1-\nu)}$, 数值范围为 ±0.3。

2）用 Origin 函数绘图工具作图，得到图 13-3，此为异号刃型位错间的交互作用图。同理可作出同号刃型位错间的交互作用。两图叠加，就得到了刃型位错间的交互作用模拟图（图 13-2）。

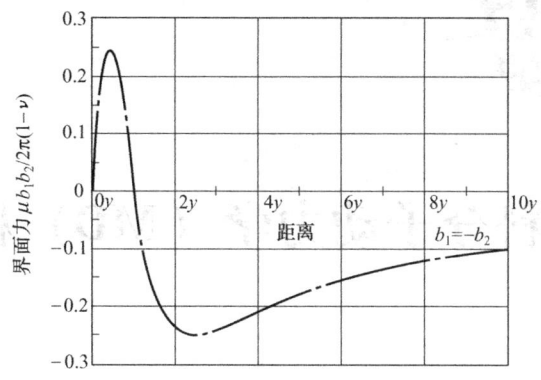

图 13-3　异号刃型位错间的交互作用

4. 练习及思考题

1）分析两个垂直刃型位错之间的交互作用。
2）分析刃型位错与螺型位错间的交互作用。
3）分析两个螺型位错间的交互作用。
4）分析位错与第二相粒子的交互作用。

实验 14

材料分子动力学（MD）模拟初步

1. 实验目的

1）初步了解分子动力学法模拟原理。
2）采用 MATLAB 软件进行简单一维和二维分子动力学（MD）模拟。
3）分析分子动力学法运算结果，对实验结果作出解释。

2. 实验原理概述

分子动力学（Molecular Dynamics，MD）是用计算机模拟的一种方法，现广泛应用于材料、生物、光学和医学等方面，取得了良好的成果。本实验采用 MATLAB 软件探索简单的一维和二维分子动力学模拟。虽然该模拟实验与真实材料的模拟还有一段距离，但对学生了解分子动力学法在材料科学中的应用是非常有益的。实验参考资料来自参考文件［5］中的"Project_ 04. zip"压缩文件，其中实验数据和分子动力学模拟函数分别为"Project_ 04. zip"压缩文件中的"closepack. dat"和"MoveAtoms. m"文件。有关分子动力学的理论请参考相关资料和书籍。

3. 实验步骤方法

（1）势能函数和作用力函数

1）CalcPotentialP 函数。以距原点的距离 x（Å，$1\text{Å} = 10^{-10}\text{m}$）作为输入值，计算抛物势能 $E_p = \frac{1}{2}kx^2$，其中弹性常数 $k = 0.3$（eV/Å^2），保存为函数"CalcPotentialP. m"文件。程序为：

```
function [Ep] = CalcPotentialp (x)
k = 0.3;
Ep = 1/2 * k. * (x.^2);
end
```

2）CalcForceP 函数。在上一步的基础上编写函数［f］= CalcForcep（x），计算作用于原

子的力 $f = -kx$,保存为函数"CalcForceP.m"文件。程序为:
```
function [f] = CalcForcep (x)
k = 0.3;
f = -k.*x;
end
```

3) CalcPotentialLJ 函数。以两个原子的距离 r (Å) 作为输入值,采用兰纳–琼斯(Lennard–Jones)势能函数 $u(r) = -\frac{B}{r^6} + \frac{A}{r^{12}}$ (eV),编写函数计算势能 $u(r)$,保存为函数"CalcPotentialLJ.m"文件(其中 $A = 16230.2$, $B = 116.409$)。程序为:
```
function [u] = CalcPotentialLJ (r)
A = 16230.2;
B = 116.409;
u = -B./(r.^6) + A./(r.^12);
end
```

4) [f] = CalcForceLJ (r) 函数。以两个原子的距离 r (Å) 作为输入值,采用兰纳–琼斯势能函数编写函数计算出的原子间作用力 $f(r) = -\frac{6B}{r^7} + \frac{12A}{r^{13}}$ (eV/Å),保存为函数"CalcForceLJ.m"文件。程序为:
```
function [f] = CalcForceLJ (r)
A = 16230.2; B = 116.409;
f = -6*B./(r.^7) + 12*A./(r.^13);
end
```

(2) 分子动力学(MD)模拟

1) 采用 MATLAB 导入"closepack.dat"数据。在"Workspace"中将"closepack.dat"数据文件中的1、2、3列数据依次复制到"xOld"、"yOld"和"canMove"数据表中。

2) 谐振子运动模拟。最简单的动力学模拟是研究谐振子运动和原子间的势能。在 $-5 \sim 5$Å 范围内绘出势能 E_p 图形。在 MATLAB 的"command Window"中输入命令:
```
x = -5:0.001:5;
[Ep] = CalcPotentialp (x);
plot (x, Ep, 'r');
hold on
```
绘出谐振子运动距离 x 与势能 E_p 的函数曲线。

在 MATLAB 的"command Window"中输入命令:
```
[f] = CalcForcep (x);
plot (x, f)
```
绘出谐振子运动距离 x 与原子间作用力 f 的函数曲线。谐振子运动势能 E_p 函数曲线与原子间作用力 f 的函数曲线如图14-1所示。由谐振子运动距离 x 与势能 E_p 的函数曲线可知,E_p 在 $x = -5 \sim 5$Å 时内呈抛物线分布,由谐振子运动距离 x 与原子间作用力 f 的函数曲线可知 f 在 $x = -5 \sim 5$Å 时为线性分布。模拟结果与理论计算符合。

3) 原子间势能与作用力模拟。在 MATLAB 的 "command Window" 中输入命令：

r = 2.2: 0.001: 5;

[u] = CalcPotentialLJ (r);

plot (r, u, 'r'); hold on

模拟得到原子间距离 r 与势能 u 的函数曲线。

在 MATLAB 的 "command Window" 中输入命令：

[f] = CalcForceLJ (r);

plot (r, f, 'g');

模拟得到原子间距离 r 与原子间作用力 f 的函数曲线。原子间势能与作用力模拟曲线如图 14-2 所示。

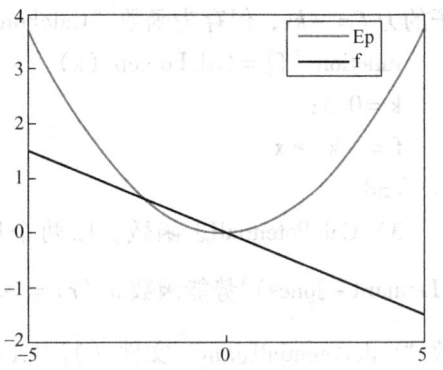

图 14-1 谐振子运动势能 E_p 函数曲线与原子间作用力 f 的函数曲线

在 MATLAB 的 "command Window" 中输入命令：

r0 = (2 * A/B)^(1/6)

计算出达到平衡时原子间的键长 r_0 值（r_0 = 2.5560Å）。

4) 在 MATLAB 的 "command Window" 中输入命令：

plot (xOld, yOld, 'o'); hold on

模拟出简单的铜原子二维密排点阵晶格，如图 14-3 所示。

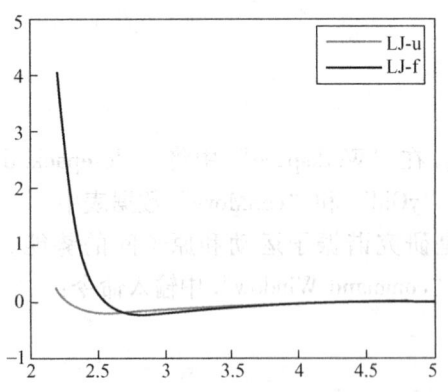

图 14-2 原子间势能与作用力模拟曲线

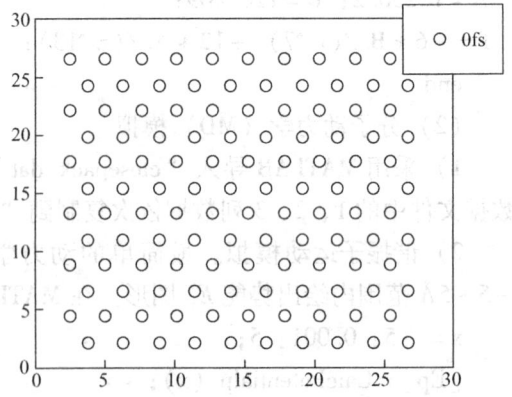

图 14-3 模拟简单的铜原子二维密排点阵晶格

4. 练习及思考题

1) 试采用 MATLAB 模拟中心原子运动状态未改变和改变时，0.3fs、0.6fs、0.9fs 和 1.2fs 后的二维铜原子密排晶格点阵状态。

［提示在 MATLAB 的 "command Window" 中输入命令：

timeStep = 3;

massAtom = 1;

```
vxNew = zeros (size (xOld));
vyNew = zeros (size (yOld));
[xNew, yNew, vxNew, vyNew, Ep] = MoveAtoms (timeStep, massAtom, xOld, yOld,
vxOld, vyOld, canMove);
plot (xNew, yNew, 'ro')
```

其中"timeStep"为时间步长（fs），"massAtom"为相对原子质量（amu），"xOld"、"yOld"为当前 x 和 y 的坐标阵列，"vxNew"、"vyNew"为当前速度阵列，"canMove"为原子运动的标志阵列（"canMove"数据表中的"1"表示原子可动，"0"表示原子不可动），"Ep"为每个原子的势能值阵列。依次更改"timeStep"的值为 0.6fs、0.9fs 和 1.2fs（资料提示每 0.3fs 进行 10 次 MD 模拟，即 dt = 0.3fs），在同一张图上模拟出 0.6fs、0.9fs、1.2fs 后的铜原子晶格图形，如图 14-4a 所示。在"Workspace"中将"canMove"数据表中的 55、66 行数据由"1"改为"0"，即晶格中心的两个原子不运动，按上述操作重新进行分子动力学模拟，得到图 14-4b 模拟结果。]

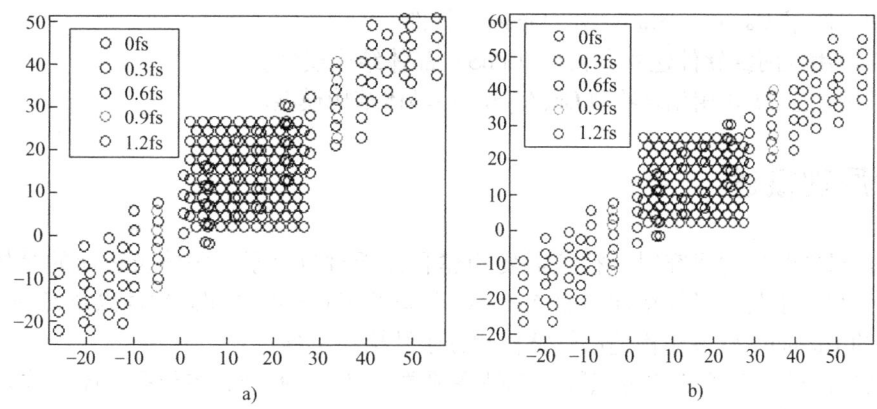

图 14-4　中心原子运动状态改变前后的分子动力学模拟
a) 中心原子运动状态未改变　b) 中心原子运动状态改变

2) 比较中心原子运动状态改变前后的分子动力学模拟图。

实验 15

Materials Studio 晶体结构模型建立

1. 实验目的

1）学习使用 Materials Studio 和 Diamond 软件。
2）学习用这两款软件建立方铅矿（PbS）晶体结构模型。
3）尝试建立 Zintl 相化合物（$Ca_5Al_2Sb_6$）晶体结构模型。

2. 实验原理概述

在进行材料学科的研究时，往往需要构建和分析材料分子、固体及表面的晶体结构模型，用以研究、预测材料的特性。而 Accelrys 公司的 Materials Studio 软件以及 Crystal Impact GbR 公司的 Diamond 软件是构建晶体结构和分子结构的工具。

方铅矿（PbS）为面心立方点阵，其晶格常数 $a = 0.5936$nm，单位晶胞原子数 $Z = 4$，化学键为离子键与金属键的过渡类型。

3. 实验步骤方法

（1）查询晶体参数 实验采用 PDF 数据库查询得到方铅矿（PbS）和 Zintl 相化合物（$Ca_5Al_2Sb_6$）的晶体结构数据，建立其晶体结构模型。PbS 相的晶体参数通过 MDI Jade 软件查询 PDF 数据库得到，PbS 相的 PDF 数据卡片如图 15-1 所示。从 PDF 卡片中得到 PbS 属于面心立方结构，晶体的空间群为 Fm–3m（225），晶格常数为 0.5936nm。

（2）用 Diamond 建立 PbS 晶体结构模型

1）打开 Diamond 软件，选择菜单命令"File"→"New"，单击"OK"按钮，创建"Diamond1"新文件。

2）在弹出的"New Structure"对话框中，选中"Crystal structure with cell and space group"按钮，在"Cell length"栏中输入 PbS 的晶格常数"5.936"；在"Space – group"（空间群）栏中通过"Browse"按钮设置 PbS 晶体的空间群"Fm – 3m（225）"。设置好的"New Structure"对话框如图 15-2 所示。

3）单击"下一步"按钮，在"Atomic Parameters"对话框中分别设置 Pb 和 S 元素的原子参数，如图 15-3 所示，单击"确定"按钮。

实验 15　Materials Studio 晶体结构模型建立

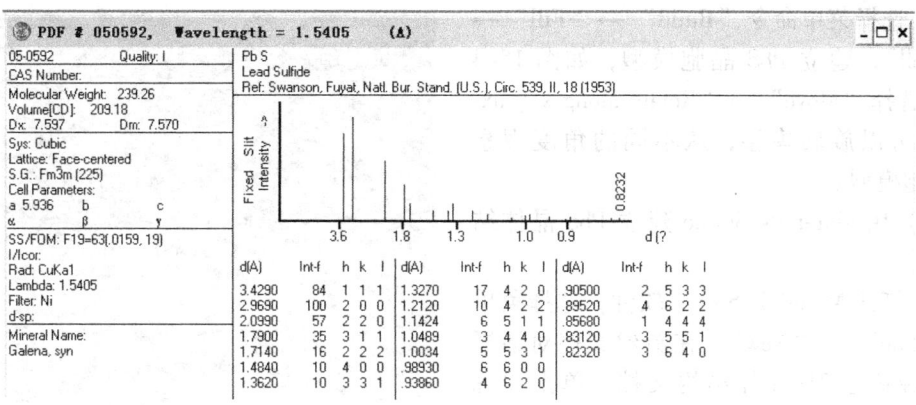

图 15-1　PbS 相的 PDF 数据卡片

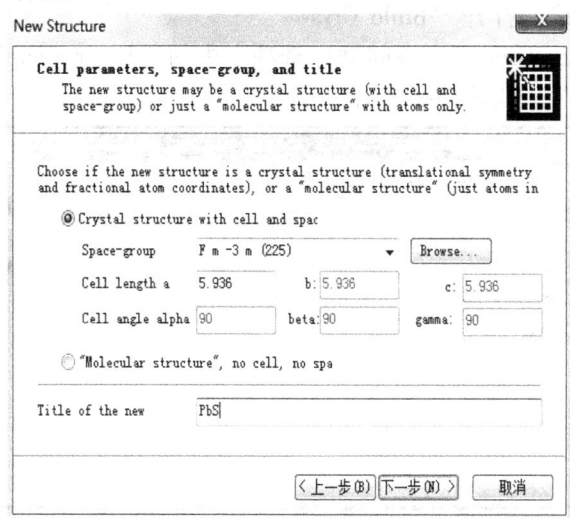

图 15-2　设置"New Structure"对话框

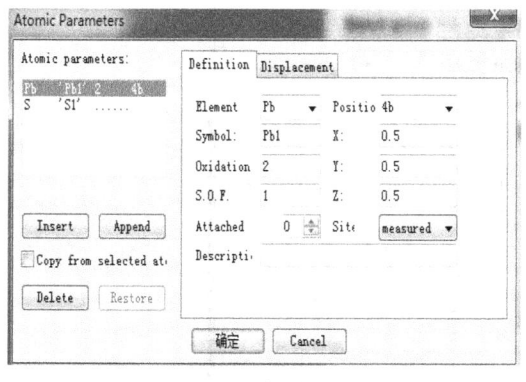
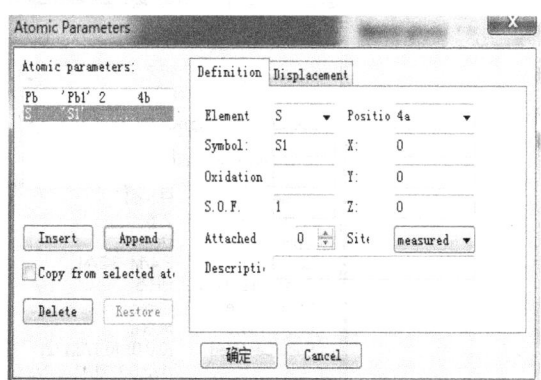

a)　　　　　　　　　　　　　　　　　　b)

图 15-3　原子参数设置对话框

a) Pb 原子参数设置　b) S 原子参数设置

4）选择菜单命令"Build"→"Fill"→"unit cell"，建立 PbS 晶胞模型，如图 15-4 所示。选择"Move"→"Rotate along x/y axis"，就可以旋转模型，从不同的角度观察 PbS 晶胞模型。

（3）用 Materials Studio 建立 PbS 晶体结构模型

1）打开 Materials Studio 软件，选择菜单命令"File"→"New"，在新建文档对话框中，选择新建 3D 晶体结构文档，单击"确认"按钮，如图 15-5 所示。

2）选择菜单命令"Build"→"Crystals"→"Build Crystal"，打开"Build Crystal"对话框。在"Space Group"（空间群）选项卡中的"Enter group"栏中选择 PbS 的空间群为"225 FM-3M"，如图 15-6 所示。

图 15-4 用 Diamond 建立 PbS 晶胞模型

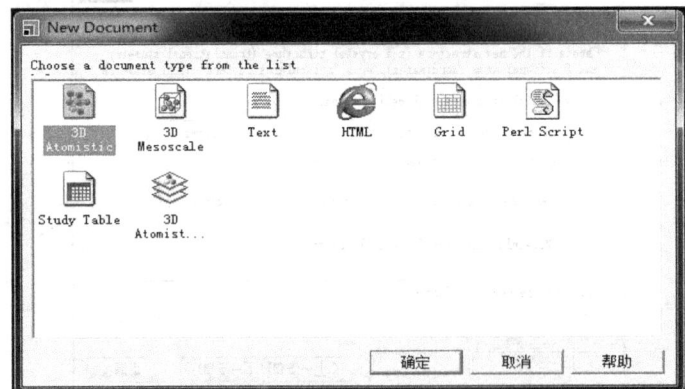

图 15-5 Materials Studio 新建文档对话框

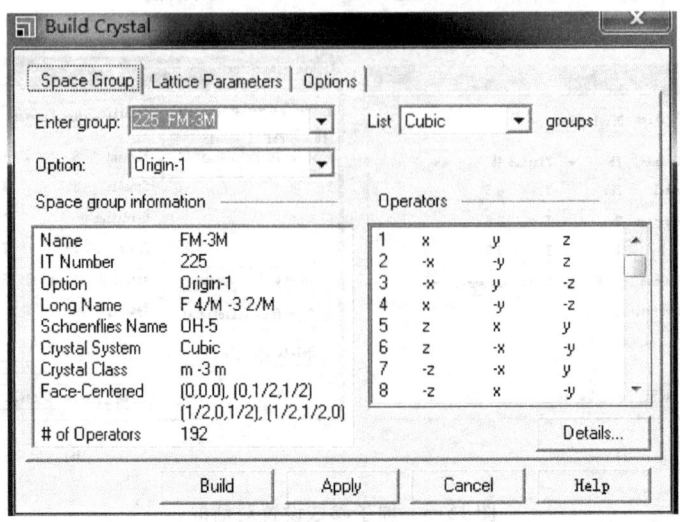

图 15-6 "Build Crystal"对话框中的"Space Group"选项卡

3）在"Lattice Parameters"选项卡中输入 PbS 的晶格参数 a 为"5.936"。当空间群设置完成后，晶格参数 b、c、α、β、γ 将自动设置，如图 15-7 所示。

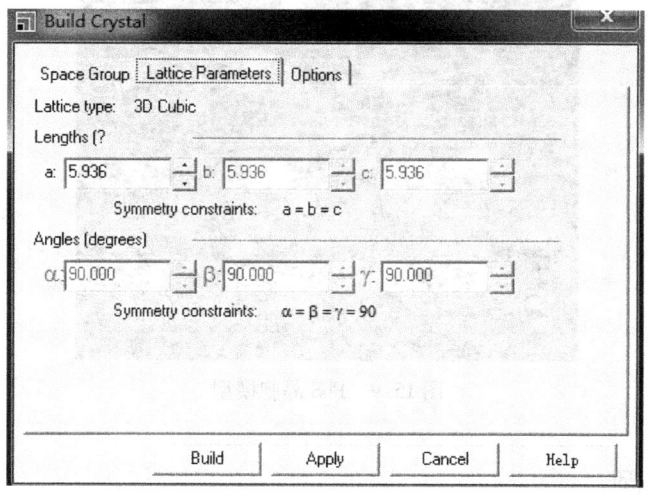

图 15-7　"Build Crystal"对话框中的"Lattice Parameters"选项卡

4）单击"Build"按钮，进入"Add Atoms"对话框。分别设置 Pb 和 S 元素的原子参数，设置后的对话框如图 15-8 所示。单击"Add"按钮，将 Pb 和 S 原子加入到晶胞。

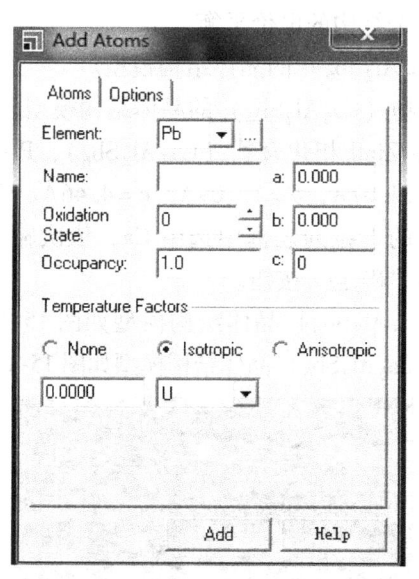
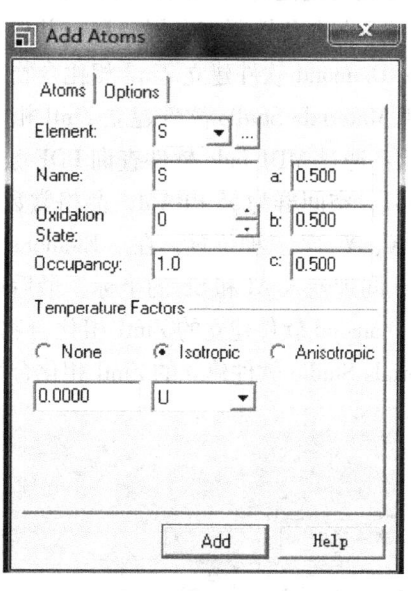

图 15-8　原子参数设置对话框
a) Pb 原子参数设置　b) S 原子参数设置

5）右击"Display Style"命令，打开"Display Style"对话框。在"atom"选项中选择"Ball and stick"方式得到 PbS 晶胞模型，如图 15-9 所示。

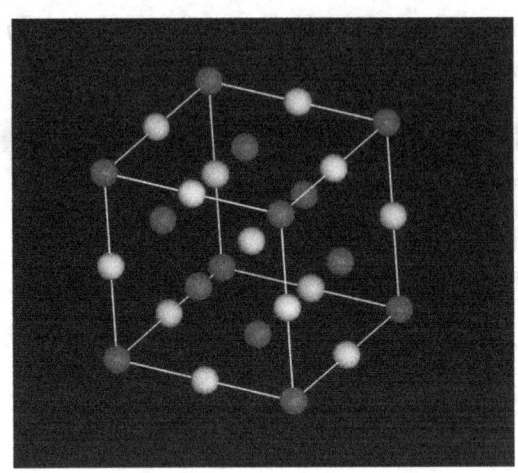

图 15-9　PbS 晶胞模型

4. 练习及思考题

Zintl 相化合物（$Ca_5Al_2Sb_6$）是由正电性层间 Zintl 阳离子 Ca 和 Al、Sb 电负性阴离子层构成的，二者以离子键形式结合，其中电负性阴离子层中各原子之间以共价键结合，层间 Zintl 原子通过向该化合物提供价电子的方式成为 Zintl 阳离子，Zintl 原子提供的价电子以电荷转移的形式向电负性阴离子层转移，并保证整个结构的电价平衡。

1）用 Diamond 软件建立 Zintl 相化合物（$Ca_5Al_2Sb_6$）的晶体结构模型。

2）用 Materials Studio 软件建立 Zintl 相化合物（$Ca_5Al_2Sb_6$）的晶体结构模型。

［提示：通过 MDI Jade 软件查询 PDF 数据库 Zintl 相化合物（$Ca_5Al_2Sb_6$），PDF 卡片号为 77-1981，空间群为 55 PBAM，晶格常数 $a=14.07Å$，$b=12.09Å$，$c=4.46Å$。Ca 在晶格中存在于 X、Y、Z 三种位置，在"Element"后的下拉列表框中选中 Ca，依次输入坐标值 X、Y、Z，同理输入 Al 和 Sb 的坐标，最后单击"确定"按钮。］

采用 Diamond 软件建立的 Zintl 相化合物（$Ca_5Al_2Sb_6$）晶体结构模型如图 15-10a 所示，采用 Materials Studio 软件建立的 Zintl 相化合物（$Ca_5Al_2Sb_6$）晶体结构模型如图 15-10b 所示。

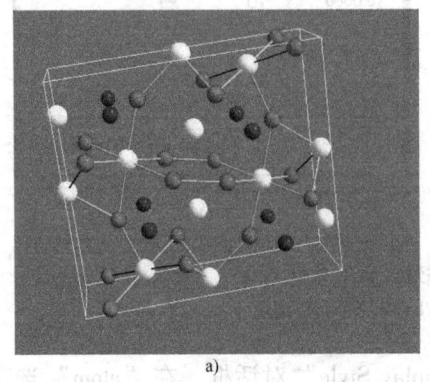
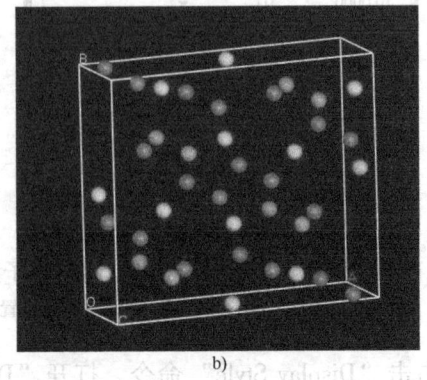

a)　　　　　　　　　　　　　　b)

图 15-10　Zintl 相化合物（$Ca_5Al_2Sb_6$）晶体结构模型

a）用 Diamond 建立　b）用 Materials Studio 建立

为检验 Zintl 相化合物（$Ca_5Al_2Sb_6$）晶体结构模型的正确性，可采用验证 $Ca_5Al_2Sb_6$ 晶胞原子数的方法。图 15-10b 中 Zintl 相化合物一个晶胞中有 8 个 Al 原子，Al 在晶胞表面，计 1/2 个原子；12 个 Ca 原子，其中 Ca1 有 4 个，Ca2 有 4 个，Ca3 有 4 个，Ca1、Ca2 在晶胞内部，计 1 个原子，Ca3 在晶胞表面，计 1/2 个原子；20 个 Sb 原子，其中 Sb1 有 8 个，Sb2 有 4 个，Sb3 有 8 个，Sb1 和 Sb3 都在晶胞表面，计 1/2 个原子，Sb2 在晶胞内部，计 1 个原子。因此，一个晶胞中 Al 为 $8 \times \dfrac{1}{2} = 4$，Ca 为 $4 + 4 + 4 \times \dfrac{1}{2} = 10$，Sb 为 $8 \times \dfrac{1}{2} + 4 + 8 \times \dfrac{1}{2} = 12$。Zintl 相化合物（$Ca_5Al_2Sb_6$）原子比为 Ca∶Al∶Sb = 10∶4∶12 = 5∶2∶6。通过验证，证明建立的 Zintl 相化合物（$Ca_5Al_2Sb_6$）晶体结构模型是正确的。

实验 16

二维温度场的数值模拟

1. 实验目的

1) 了解材料科学与工程中温度场的数值模拟方法。
2) 用 MATLAB 的偏微分方程（PDE）工具箱分析简化的材料科学与工程中的温度场。

2. 实验原理概述

问题的提出——焊接温度场分析。

以某金属薄板焊件焊缝温度场为例，分析焊接过程温度场。因温度场对称，取其焊接过程的一半为模型进行离散化，如图 16-1 所示。焊接电弧起始点为 O 点，以后以速度 v 沿 x 轴移动，经过 τ 时间后到达 O' 点，此时电弧引起的热源分布为

$$\overline{Q} = \frac{Q_m}{h}\exp\left[-3\left(\frac{r}{\bar{r}}\right)^2\right] \quad (16-1)$$

式中，$r = \sqrt{x^2 + (y - v\tau)^2}$ 为离开热源中心的距离。

求焊接温度场随时间的变化。

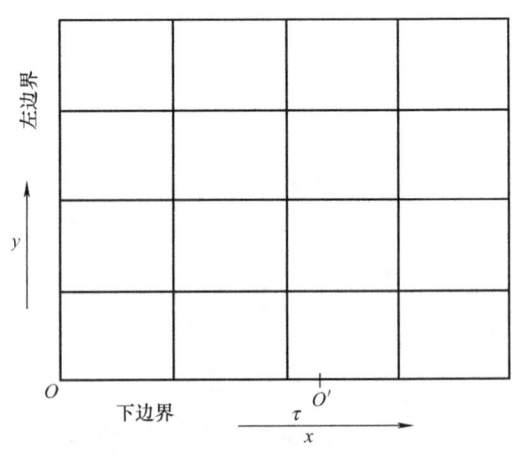

图 16-1 二维焊接离散化

为简化分析过程，计算时不考虑材料参数随温度的变化，不考虑相变潜热，考虑对流换热的影响，不考虑热辐射。根据题意该问题为二维不稳态导热，其导热方程为

$$\frac{1}{\alpha}\frac{\partial T}{\partial \tau} = \frac{\partial^2 T}{\partial x^2} + \frac{\partial^2 T}{\partial y^2} + \frac{\overline{Q}}{\kappa} \quad (16\text{-}2)$$

（1）有限差分求解二维焊接温度场

初始条件：

$T(x, y, 0) = T_0$

边界条件：

$x=0$, $0 \leqslant y \leqslant L_1$, $\kappa = \dfrac{\partial T}{\partial x}$ （绝热）

$x=L_1$, $0 \leqslant y \leqslant L_2$, $\kappa = \dfrac{\partial T}{\partial x} = \alpha (T_e - T)$ （换热）

$y=0$, $0 \leqslant x \leqslant L_2$, $\kappa = \dfrac{\partial T}{\partial y} = \alpha (T - T_e)$

$y=L_2$, $0 \leqslant x \leqslant L_1$, $\kappa = \dfrac{\partial T}{\partial y} = \alpha (T_e - T)$

式中，α 为表面传热系数；T_0 为初始温度；T_e 为环境温度。

根据二维不稳态导热方程，焊接初始条件和边界条件可以建立差分方程，根据区域内节点的差分方程和各边界处的差分方程可以求出不同时刻温度场的分布。

（2）有限元法 有限元法是以变分原理和近似插值离散为基础的一种数值计算方法。该方法首先利用变分原理把所要求解的边值问题转化为相应的变分问题，即泛函极值问题，然后利用对场域的网格剖分离散和在单元上对场函数的插值近似，将变分问题转化为普通多元函数的极值问题，最终归结为解一个代数方程组的数值解。对于大多数导热问题，求解温度场时很难得到解析解，只能利用计算机得到数值解来无限接近代替精确解。

（3）MATLAB 的偏微分方程（PDE）工具箱 MATLAB 中的偏微分方程（PDE）工具箱用有限元法求解偏微分方程得到数值近似解，可以求解线性的、椭圆型、抛物线型、双曲线型偏微分方程及本征型方程和简单的非线性偏微分方程。PDE 工具箱可以用于解材料科学与工程中的温度场、应力场和浓度场问题。

3. 实验步骤方法

（1）数据输入 从相关资料查到计算焊接温度场所需要的数据，列于表 16-1。

表 16-1 计算焊接温度场所需要的数据

参数	数值	备注
ρ	7.82g/cm³	密度
v	0.4cm/s	焊接速度
h	1cm	板厚度
Q_m	4000cal/cm³	热源分布密度
α	0.0008cal/(cm²·s·℃)	表面传热系数
T_e, T_0	20℃	周边介质温度，初始温度
κ	0.1cal/(cm·s·℃)	热导率

注：1cal = 4.1868J。均以 cm、cal、g 为单位，不必换算。

则

$$\overline{Q} = \dfrac{Q_m}{h} \exp\left[-3\left(\dfrac{r}{r}\right)^2\right]$$

$$= \dfrac{4000 \text{cal/cm}^3}{1 \text{cm}} \exp\left[-3\left(\dfrac{\sqrt{x^2 + (y-v\tau)^2}}{r}\right)^2\right] \quad (16-3)$$

$$= 4000 \text{cal/cm}^2 \exp\left\{\frac{-3\left[x^2 + (y-0.4\tau)^2\right]}{0.49}\right\}$$

该题目可转化为求以下微分方程组（以 y 轴正方向为上，x 轴正方向为右）：

$$\begin{cases} \rho C \dfrac{\partial T}{\partial \tau} = \kappa\Delta + \overline{Q} \\ T(x, y, 0) = T_0 \\ \kappa \dfrac{\partial T}{\partial x} = 0 \quad (\text{左边界，} y \text{ 轴}) \\ \kappa \dfrac{\partial T}{\partial x} = \alpha(T_e - T) \quad (\text{右边界}) \\ \kappa \dfrac{\partial T}{\partial y} = \alpha(T - T_e) \quad (\text{下边界，} x \text{ 轴}) \\ \kappa \dfrac{\partial T}{\partial x} = \alpha(T_e - T) \quad (\text{上边界}) \end{cases} \quad (16\text{-}4)$$

(2) 用 PDE 工具箱进行模拟计算

1) 区域设置。启动 MATLAB 软件，在 MATLAB 命令窗口输入"pdetool"，打开 PDE 工具箱，如图 16-2 所示。单击 □ 工具，在窗口拉出一个矩形，双击矩形区域，在"Object Dialog"对话框"Left"中输入"0"，"Bottom"中输入"0"，"Width"中输入"2"，"Height"中输入"2"。选择菜单命令"Options"→"Axes Limits"，打开 x、y 轴的自动选项，调整坐标显示比例。选择菜单命令"Options"→"Application"，设置使用热传输模型"Heat Transfer"。

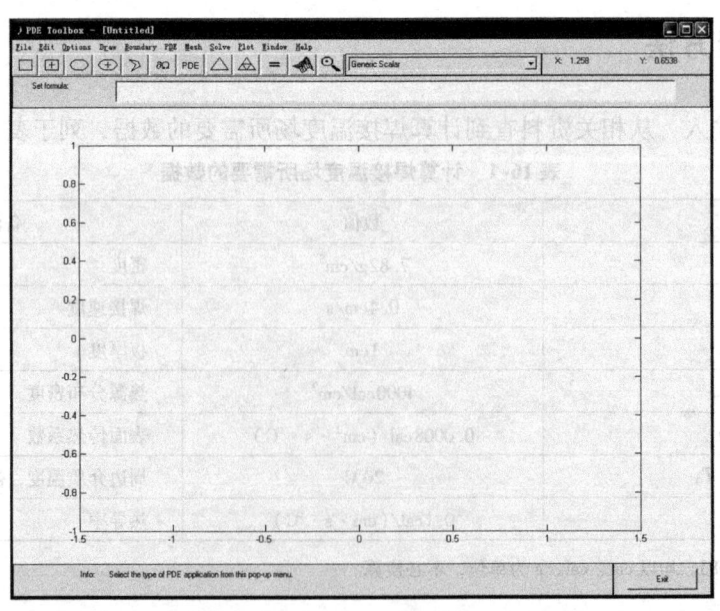

图 16-2　PDE 工具箱窗口

2) 边界条件设置。单击 ∂Ω 按钮，使边界变色设置边界条件。分别双击每段边界，打开"Boundary Conditions"对话框，如图 16-3 所示。根据边界条件，选择采用"Neumann"

条件设置各边界条件。边界条件输入值见表16-2。

表 16-2 边界条件设置值

边界	g（热流系数）	q（热传递系数）
左边界	0	0
右边界	$0.0008*20$	0.0008
下边界（x 轴）	$-0.0008*20$	-0.0008
上边界	$0.0008*20$	0.0008

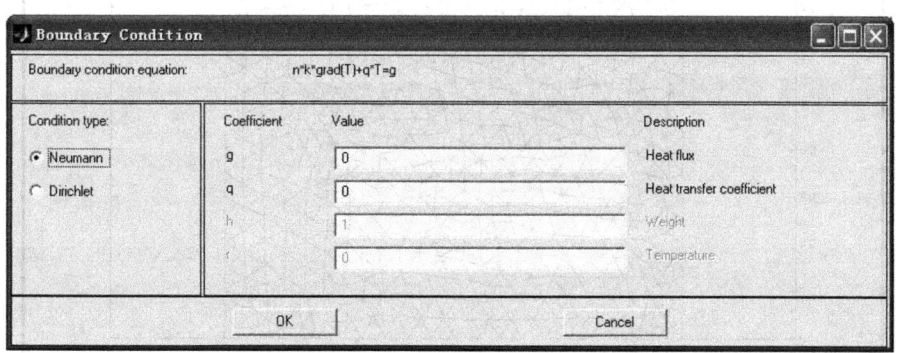

图 16-3 "Boundary Conditions" 对话框设置

3）方程类型设置。单击 PDE 按钮，打开"PDE Specification"对话框，设置方程类型为"Parabolic"（抛物线型）。设置参数"rho"（密度）为"7.82"，"C"（比热容）为"0.16"，"κ"（热导率）为"0.1"，"Q"（热源）"为 $4000*\exp（-3*（x.^2+（y-0.4*t）.^2）/0.49）$"，其他参数为"0.0"，如图 16-4 所示。

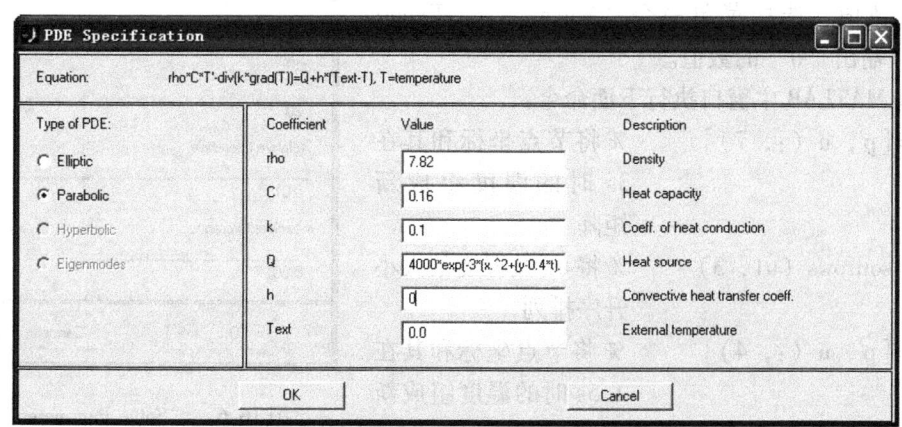

图 16-4 "PDE Specification" 对话框设置

4）网格划分。单击 △ 按钮，进行网格划分，再单击 △ 按钮加密网格。网格划分完成的窗口如图 16-5 所示。

5）初值和误差的设置。选择菜单命令"Solve"→"Parameters"，打开"Solve Parameters"对话框，设置初值和误差。初值和误差的设置参数如图 16-6 所示。

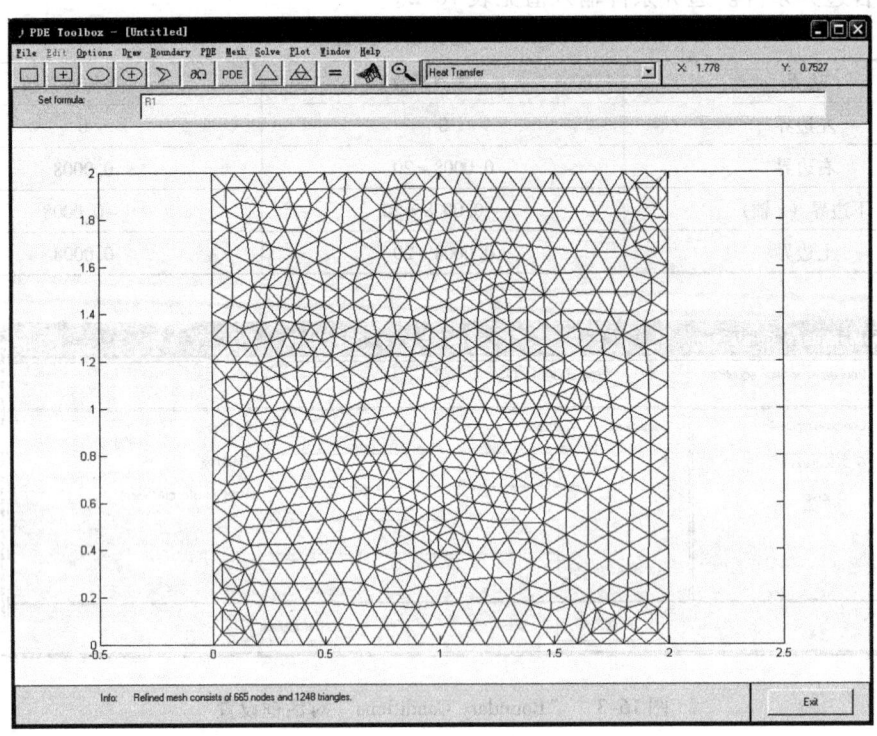

图 16-5 网格划分完成的窗口

6) 解方程和整理数据。单击 = 按钮，开始解方程。选择菜单命令"Mesh"→"Export Mesh"输出"pet"的数值，选择菜单命令"Solve"→"Export Solution"输出"u"的数值。

回到 MATLAB 主窗口执行下面命令：

u1 = [p', u (:, 7)]	%将节点坐标和其在 3s 时的温度组成新矩阵
u2 = sortrows (u1, 3)	%将 u1 按温度值大小升序排列
u1 = [p', u (:, 4)]	%将节点坐标和其在 1.5s 时的温度组成新矩阵
u2 = sortrows (u1, 3)	%将 u1 按温度值大小升序排列

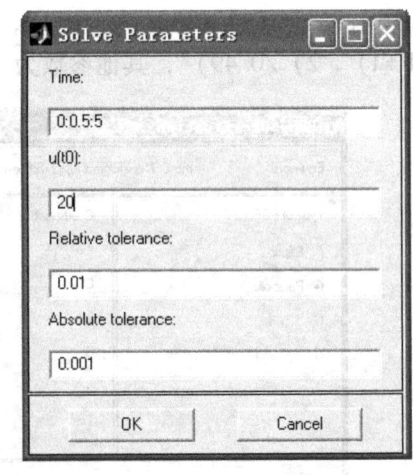

图 16-6 "Solve Parameters"对话框设置参数

7) 温度场分布。图 16-7 和图 16-8 所示分别为 1.5s 时和 3s 时该焊接温度场的二维和立体温度分布图。

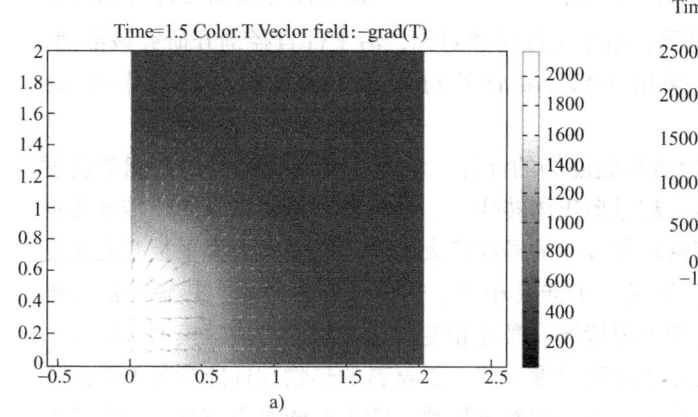
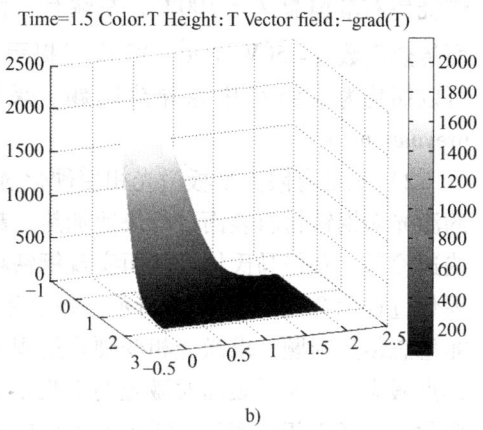

图 16-7 1.5s 时焊接温度场的二维和立体温度分布图
a）二维温度分布图 b）三维温度分布图

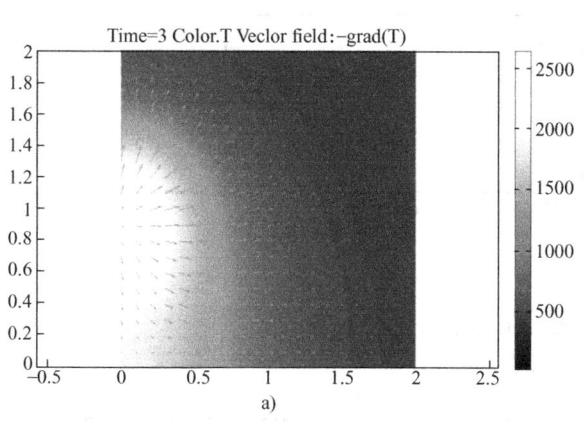
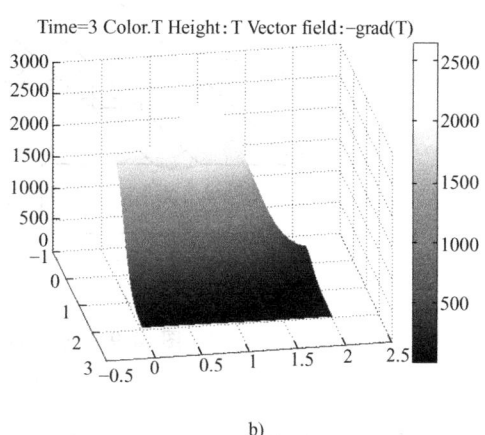

图 16-8 3s 时焊接温度场的二维和立体温度分布图
a）二维温度分布图 b）三维温度分布图

4. 练习及思考题

1）无热源导热和有热源导热问题分析。

① 尺寸为 $0.5m \times 0.7m \times 1.0m$ 的长方体钢锭，置于炉温 1200℃ 的加热炉内，计算 5h 后钢锭的温度。已知钢锭的 $\kappa = 40.5 W/(m \cdot ℃)$，$a = 0.722 \times 10^{-5} m^2/s$，$T_0 = 25℃$，钢锭与外界的表面传热系数 $\alpha = 348 W/(m^2 \cdot ℃)$。（提示：由于工件尺寸对称，沿工件中心剖开研究该剖面，可以简化为二维无热源导热问题。采用 MATLAB 计算可参考参考文献 [11] 中的 wureyuan.m。）

② 有一半径为 0.2m、长为 3m 的圆柱形核电站用燃烧棒，置于 100℃ 的水中，由于链式反应，棒内有恒定的产热率密度 $Q_V = 20000 W/m^3$，计算 10h 后燃烧棒内的温度分布。已知，燃烧棒的密度 $\rho = 7800 kg/m^3$，$c_p = 500 W \cdot s/(kg \cdot ℃)$，$\kappa = 40 W/(m \cdot ℃)$，$T_0 = 0℃$，

燃烧棒右端恒温 $T_r = 100$℃，左端有一恒热流 $q_1 = 5000\text{W/m}^2$，燃烧棒外表面与外界水的表面传热系数 $\alpha = 50\text{W/(m}^2 \cdot ℃)$。（提示：由于工件尺寸对称，沿工件直径剖开研究该剖面，可以简化为二维有热源导热问题。采用 MATLAB 计算可参考参考文献［11］中的 youreyuan. m。）

2）三维有限大平板激光相变硬化过程温度场的计算。激光相变硬化是采用高能量密度的激光对钢铁材料表面进行快速加热，超过奥氏体转变点，然后依靠材料自身的热传导实现快速冷却，获得马氏体，从而实现钢铁材料表面的局部淬火硬化，三维有限大平板激光相变硬化过程示意图如图 16-9 所示。该过程是一个涉及相变、热传导、热对流、热辐射的三维非稳态传热问题。求激光相变硬化过程的温度场。激光相变硬化过程的传热学模型采用以下几点假设：①材料表面对激光的吸收系数不随温度变化。②材料的热物理性能参数不随温度变化。③考虑相变潜热。④考虑工件的辐射与空气对流换热。⑤入射激光束能量分布为高斯分布。⑥材料各向同性。⑦工件为三维有限大物体。

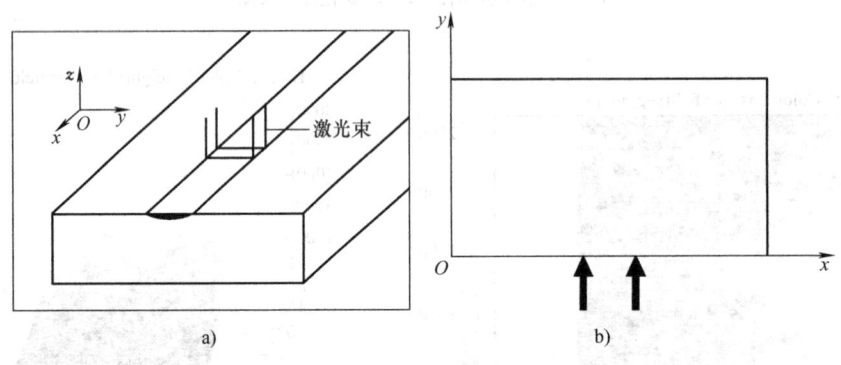

图 16-9　三维有限大平板激光相变硬化过程示意图
a）示意图　b）坐标建立

提示：根据工件的形状，采用直角坐标系，材料内部的热传导方程简化为二维，即

$$\frac{\partial T}{\partial t} = a\left(\frac{\partial^2 T}{\partial x^2} + \frac{\partial^2 T}{\partial y^2}\right) \tag{16-5}$$

式中，$a = \dfrac{\kappa}{\rho c_p}$，为材料的热扩散率；$\rho$ 为密度；c_p 为比热容；κ 为热导率；T 为温度；t 为时间。

材料的热物理性能参数，比热容 c_p、热导率 κ 和密度 ρ 均不随温度变化。

① 边界条件为

上表面
$$-\kappa \frac{\partial T}{\partial y} = -Q(x, t) \tag{16-6}$$

其他表面
$$-\kappa \frac{\partial T}{\partial n} = \alpha (T - T_e)$$

式中，T 为工件表面温度；T_e 为环境温度；n 为其他表面的外法线方向；α 为材料表面总的传热系数，包括空气对流和辐射换热，$\alpha = \alpha_k + \alpha_s$，$\alpha_k$ 为表面传热系数，α_s 为辐射换热系数。

② 激光光斑能量分布函数为

$$Q(x, t) = \frac{PA}{2\pi R^2}\exp\left[-\frac{x^2+(3R-vt)^2}{2R^2}\right] \quad (16\text{-}7)$$

式中，P 为激光功率 500W；A 为吸收系数；R 为激光光斑半径，为 0.2mm；v 为激光光斑运动速度，为 2mm/s。

③ 初始条件为 $T|_{t=0}=T_0$，T_0 取室温 20℃。

3）圆筒形铸件铸造过程温度场的计算。圆筒形铸件如图 16-10 所示。由于铸件筒壁不是很厚，冷却过程中砂型内、外温度可看做一致而且冷却速度很快。当圆柱体的长度与其截面筒壁尺寸相差较大时，可忽略 z 方向导热，这时可用二维模型来近似描述圆筒体冷却过程的传热过程，在这个二维模型中采用以下几点假设：①材料为二维有限长物体；②材料的热物理性能参数不随温度变化；③考虑工件与砂型间的对流换热；④考虑相变潜热；⑤材料各向同性。

提示：①根据工件形状，采用圆柱热传导方程，即

$$\rho c_p \frac{\partial T}{\partial t} = \frac{1}{r}\frac{\partial}{\partial r}\left(r\kappa\frac{\partial T}{\partial r}\right)+\frac{\partial}{\partial z}\left(\kappa\frac{\partial T}{\partial z}\right) \quad (16\text{-}8)$$

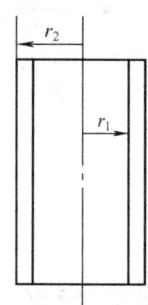

图 16-10 圆筒形铸件示意图

式中，ρ 为密度；c_p 为比热容；κ 为热导率；T 为温度；t 为时间；$r_1<r<r_2$。

② 边界条件为

外表面
$$-\kappa\frac{\partial T}{\partial n}=\alpha_k(T-T_e)$$

内表面
$$-\kappa\frac{\partial T}{\partial n}=\alpha_k(T-T_e)$$

式中，T 为铸件表面的温度；T_e 为砂介质温度；n 为其他表面的外法线方向；α_k 为砂介质的表面传热系数。

材料的热物理性能参数，比热容 c_p、热导率 κ 和密度 ρ 均不随温度变化。

③ 初始条件。

初始时刻工件整体温度分布均匀。$T|_{t=0}=T_0$，T_0 为一常数，取铁液温度 $T_0=1560℃$。

实验 17

二维浓度场的数值模拟

1. 实验目的

1) 用 MATLAB 的 PDE 工具箱分析二维浓度场，加强对偏微分方程边界条件的理解。
2) 对渗硼浓度场的计算结果与实验结果进行分析。

2. 实验原理概述

在 850℃ 下，对 T8 碳素钢的试样（尺寸为 10cm × 10cm × 5cm）进行渗硼。已知 850℃ 时硼在 T8 钢中的扩散系数 $D = 1.10 \times 10^{-13} \text{m}^2/\text{s}$，分析渗层厚度随时间（0 ~ 9000s）的变化情况。

浓度场中用来描述三维非稳态扩散的微分方程的一般形式为

$$\frac{\partial C}{\partial t} = D\nabla^2 C \tag{17-1}$$

式中，D 为扩散系数；t 为时间。

对于大多数浓度场扩散问题，通常采用数值解来求解。数值解方法又分为有限元法、有限差分法、混合微分差分法、离散元法等，MATLAB 的 PDE 工具箱采用有限元法求解微分方程。用 MATLAB 的 PDE 工具箱进行有限元计算前需要有一些预处理工作，如对所求解模型的几何形状或者形体进行离散化，即用比较简单的形状来代替实际的形状，这样可以把比较复杂的曲线和曲面问题转化为相对简单的直线或平面问题。具体步骤如下：

1) 建立一个用于描述对应浓度场问题的物理模型。
2) 确定边界条件。MATLAB 的 PDE 工具箱指定了 3 种边界条件：Dirichlet 条件，$hu = r$；Neumann 条件，$\mathbf{n} \cdot (c\nabla u) + qu = g$；混合边界条件，Dirichlet 条件和 Neumann 条件的组合。其中，$\mathbf{n}$ 为垂直于边界的单位矢量，h、r、q、g 为常量或与 u 有关的变量。
3) 确定偏微分方程的类型，并结合已知条件设定方程参数。
4) 创建网格以及细化网格，设定求解参数并求解偏微分方程。

图 17-1 所示为 Fe – B 相图，根据 Fe – B 相图，在 1000℃ 以下

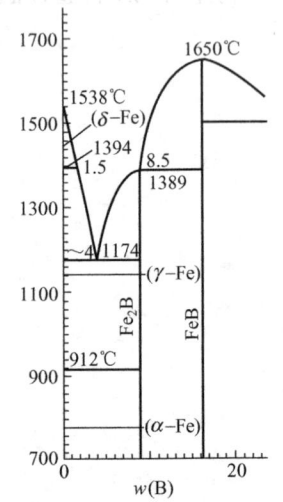

图 17-1 Fe – B 相图

渗硼时，随着硼浓度的升高形成铁硼化合物，当硼的质量分数达到 8.84% 左右时，形成稳定的中间化合物 Fe_2B；当硼的质量分数达到 16.23% 左右时，形成含硼量更高的稳定化合物 FeB。硼在铁中的扩散属于反应扩散，只有当表面形成高含硼量的稳定化合物 FeB 时，硼才会向内部扩散形成 FeB 或 Fe_2B。

3. 实验步骤方法

（1）建立渗硼浓度场物理模型　　根据渗硼实验，在 850℃ 渗硼 9000s 的渗硼厚度 <100μm，因此为了简化模型，设该渗硼浓度场的二维物理模型尺寸为 100μm × 10μm。

打开 MATLAB 的 PDE 工具箱，单击 □ 工具，用鼠标拉出一个矩形，并双击矩形，在 "Object Dialog" 对话框设置 "Left" 为 "0"，"Bottom" 为 "0"，"Width" 为 "1e - 4"，"Height" 为 "1e - 5"。选择菜单命令 "Options" → "Axes Limits"，打开 x、y 轴的自动选项，调整坐标显示比例并打开 "Axes Equal" 选项。该渗硼浓度场物理模型的偏微分方程组见式（17-2）。

$$\begin{cases} \dfrac{\partial C}{\partial t} = D\nabla^2 \\ C(x, y, 0) = 0 \\ C = 16.23\% \text{（左边界，} y \text{ 轴）} \\ C = 0 \text{（右边界，} x = 0.0001) \\ \dfrac{\partial C}{\partial n} = 0 \text{（下边界，} x \text{ 轴）} \\ \dfrac{\partial C}{\partial n} = 0 \text{（上边界，} y = 0.00001) \end{cases} \quad (17\text{-}2)$$

式中，t 为时间；C 为 t 时刻（x, y）处硼的浓度；D 为扩散系数，$D = 1.10 \times 10^{-13} \text{m}^2/\text{s}$；**n** 为垂直于边界的单位矢量。

（2）设定边界条件　　此种条件下，硼在铁中主要沿 x 单向扩散，在 y 向可认为没有扩散。单击 ∞ 按钮，使边界变为红色，然后分别双击每段边界，打开 "Boundary Conditions" 对话框，设置边界条件。上、下边界：上、下边界与外界绝缘，选择 Neumann 条件，令 g 为 0，q 为 0。左边界：保持定值 16.23%，选择 Dirichlet 条件，令 h = 1，r = 0.1623。右边界：保持定值 0，选择 Dirichlet 条件，令 h = 1，r = 0。

（3）确定偏微分方程类型并输入相关参数　　根据式（17-2），方程属于 Parabolic（抛物线型）类型。单击 PDE 按钮，打开 "PDE Specification" 对话框，输入 "c" 为 "1.1e - 13"，"a" 为 "0"，"f" 为 "0"，"d" 为 "1"。单击 △ 按钮，创建网格。

（4）设定求解参数并解方程　　单击 "Solve" 菜单中的 "Parameters" 选项，打开 "Solve Parameters" 对话框，输入时间 "Time" 为 "0：60：9000"（每分钟一个观察点），"u（t0）" 为 "0"，其他条件不变。单击 = 按钮，求解方程。图 17-2 所示为 t = 3000s 和 t = 9000s 时的渗硼浓度分布。

选择命令菜单 "Mesh" → "Export Mesh" 输出网格数据　　选择命令菜单 "Solve" → "Export Solution" 输出按网格序号排列的数值解 u。整理后得到 850℃ 渗硼 1h 后的硼浓度分

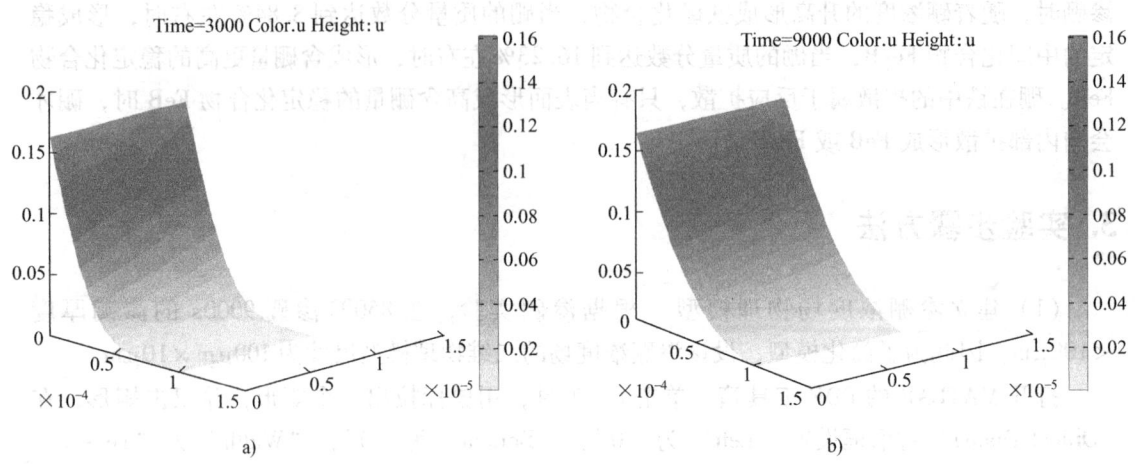

图 17-2 不同时间的渗硼浓度分布
a) $t=3000s$ b) $t=9000s$

布曲线,如图 17-3a 所示。再根据 Fe – B 相图(图 17-1)和有关专业知识对图 17-3a 进行修正,得到修正后的硼浓度分布曲线,如图 17-3b 所示。表 17-1 列出了不同时间渗层厚度的数值模拟计算值与实验测得值的对比,可见该数值模拟计算与实际较为吻合。

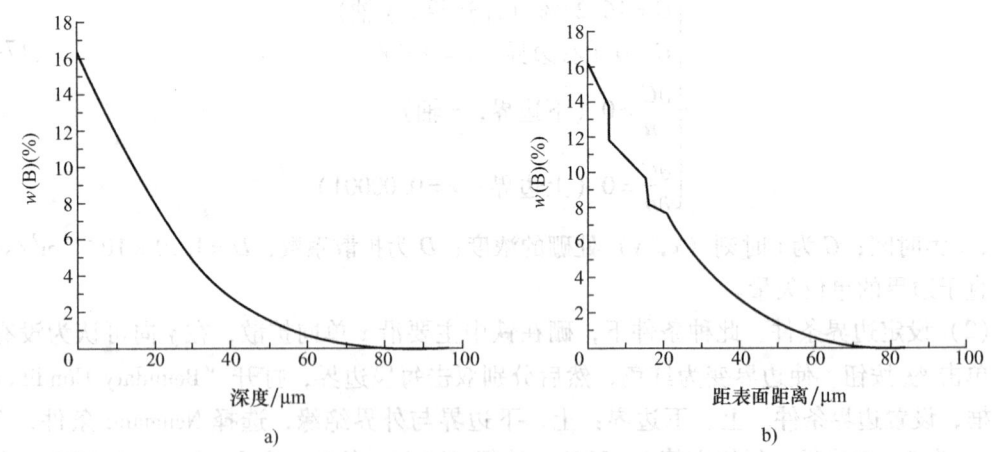

图 17-3 850℃ 渗硼 1h 后的硼浓度分布曲线
a) 计算值 b) 修正值

表 17-1 不同时间渗层厚度的数值模拟计算值与实验测得值的对比(850℃)

时间/s	实验测得厚度值/m	数值模拟计算厚度值/m	相对误差(%)
3600	1.60×10^{-5}	1.67×10^{-5}	4.05
5400	2.00×10^{-5}	2.03×10^{-5}	1.23
7200	2.50×10^{-5}	2.44×10^{-5}	2.56
9000	2.75×10^{-5}	2.69×10^{-5}	2.33

4. 练习及思考题

对一足够长的 $w(C)=0.1\%$ 的低碳钢在 930℃ 进行渗碳。设渗碳开始时，表面碳含量始终保持 $w(C)=1.0\%$。试用 MATLAB 中的 PDE 工具箱求解渗碳 4h 后，距表面 4×10^{-4} m 处的碳浓度 C（已知碳在 $\gamma-Fe$ 中的扩散系数 D 为 $1.61\times10^{-12}\,m^2/s$，通过误差函数得到 $w(C)=0.157\%$）。［提示：可以将问题转化为求解如下方程组

$$\begin{cases} \dfrac{\partial u}{\partial t}-1.61\times10^{-12}\nabla u=0 \\ u=0.001 \quad (\text{上边界}) \\ u=0.01 \quad (\text{下边界}) \\ \dfrac{\partial u}{\partial n}=0 \quad (\text{左、右边界}) \\ u|_{t=t_0}=0.001 \end{cases}$$

设置方程类型为 Parabolic（抛物线型），D 取值为 $1.61\times10^{-12}\,m^2/s$，表面碳含量始终保持 $w(C)=1.0\%$，即 C 取值为 0.01。参考答案：碳浓度分布计算结果如图 17-4 所示。计算求得渗碳 4h 后，距表面 4×10^{-4} m 处的碳浓度 $w(C)=0.15758\%$，与通过误差函数求解得到 $w(C)=0.157\%$ 相比非常接近。］

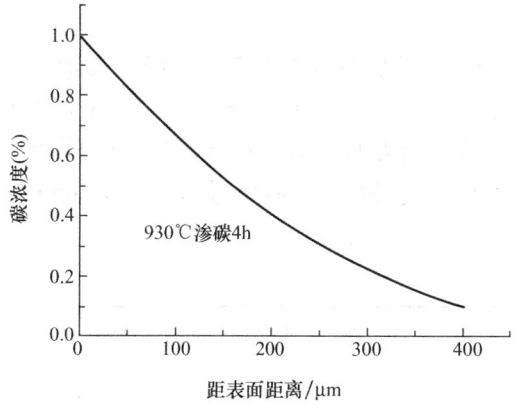

图 17-4　碳浓度分布计算结果

实验 18

二维薄板凹槽应力场分析

1. 实验目的

1) 用 MATLAB 的 PDE 工具箱分析二维薄板凹槽应力场,加强对偏微分方程边界条件的理解。

2) 根据 MATLAB 的运算结果对凹槽处的应力集中系数进行分析。

2. 实验原理概述

(1) 问题的提出 薄板凹槽处的应力集中系数分析(参考文献[12]),在平板两边分别开出两个关于中心对称的半圆形凹槽,如图18-1所示,平板左端固定,在平板的右端施加沿 x 轴方向的力,单位长度上的力的大小为 $F_x = 20\text{N/cm}$,平板的厚度为 0.2cm,那么在 x 轴正方向的边缘应力为 100N/cm^2。钢板的弹性模量为 $200 \times 10^5 \text{N/cm}^2$。

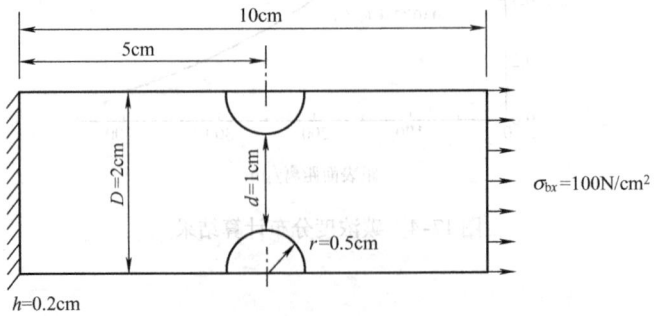

图 18-1 带半圆形凹槽的平板

(2) 实验原理

1) 偏微分方程的确定。MATLAB 中 PDE 工具箱的偏微分方程有椭圆型、抛物线型和双曲线型。一般求解稳态的过程选用椭圆型方程,此处要求解的最终应力值也是一个稳态值,所以选取椭圆型方程,进而用稳态值求解应力集中系数。

2) 实验方程边界条件的确定。在平板应力 (x, y) 问题中通常需要考虑两种类型的边界条件:位移为零或给定值,即为 Dirchlet 边界条件;表面应力为零或给定值,即为 Neumann 边界条件。实验是具有一定厚度的平面薄板应力问题,假设应力 σ_z 在 $z = \pm h/2$(h 为平面薄板的厚度）处垂直于平板表面，则平板表面的切应力为零，其他应力独立于 z。如果作用在 x 方向上的应力分量为 g_1，作用在 y 方向上的应力分量为 g_2，则

$$g_1 = n_x \sigma_{bx} + n_y \sigma_{bxy}$$
$$g_2 = n_y \sigma_{by} + n_x \sigma_{bxy}$$

式中，σ_{bx} 为 x 方向上的边界应力；σ_{by} 为 y 方向上的边界应力；σ_{bxy} 为边界切应力；n_x 和 n_y 分别为 x 轴和 y 轴的方向余弦，即在与 x 轴平行的边界上 $n_x = 0$，$n_y = \pm 1$（+1 表示与 y 轴同向）。

所以可得

$$g_1 = \pm \sigma_{bxy}$$
$$g_2 = \pm \sigma_{by}$$

当处理圆弧（椭圆弧）弯曲边缘时，规定边界条件为

$$g_1 = Nn_x$$
$$g_2 = Nn_y$$

式中，N 为一个数字值，用于表示弯曲边缘的法向应力值。

3. 实验步骤方法

1）打开 MATLAB 中 PDE 工具箱的 GUI 窗口。选择菜单命令"Options"→"Grid"，启动网格；选择菜单命令"Options"→"Axis Limits"，设置 x 轴和 y 轴坐标的范围 x（0~12）、y（0~4）；选择菜单命令"Options"→"Grid Spacing"，进行 x 轴和 y 轴线性分割设置，如图 18-2 所示。

2）选择 PDE 方程的应用类型。选择菜单命令"Options"→"Application"→"Structural Mechanics、Plane Stress"。

3）绘制薄板凹槽平板模型图形，薄板凹槽平板模型由 R1、C1 和 C2 组成，它们的几何参数设置分别如图 18-3 和图 18-4 所示。设置凹槽平板模型图形，选择菜单命令"Set formula"为"R1 - C1 - C2"，设置模型图形的尺寸如图 18-5 所示。

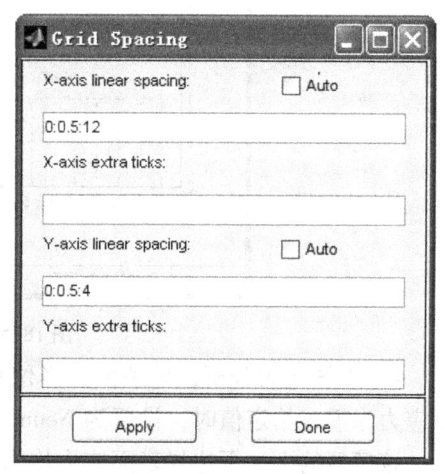

图 18-2　线性分割设置

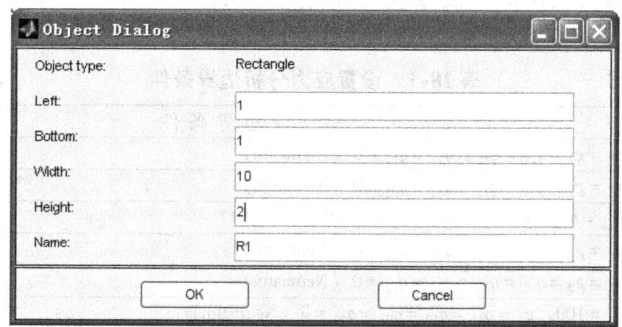

图 18-3　R1 几何参数设置

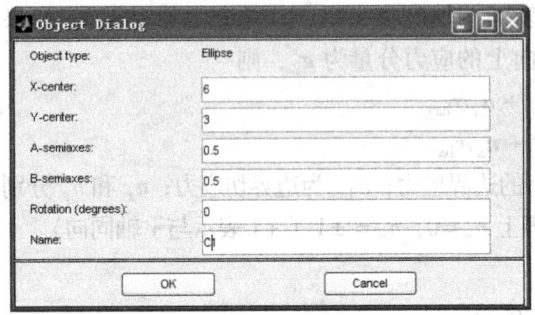 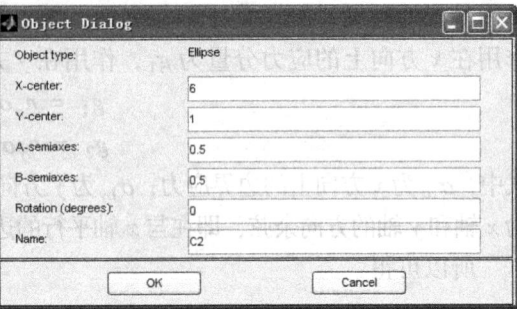

图 18-4　C1 和 C2 几何参数设置

a) C1 几何参数设置　b) C2 几何参数设置

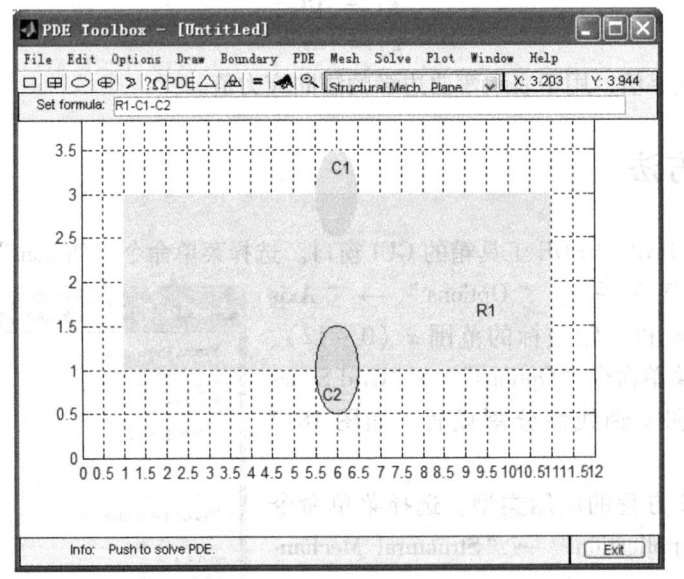

图 18-5　设置模型图形的尺寸

4) 设置应力分析边界条件。当位移为零或给定值时，设置为 Dirchlet 边界条件；当表面应力为零或给定值时，设置为 Neumann 边界条件。

该模型的上、下边界表面应力均为零，可以设置为 Neumann 边界条件，且取值全为零。右边界给定的应力值 $g_1 = 100$，所以也为 Neumann 边界条件。左边界位移为零所以设置为 Dirchlet 边界条件，取其默认值。设置应力分析边界条件见表 18-1。设置应力分析边界条件后的图形如图 18-6 所示。

表 18-1　设置应力分析边界条件

边界位置	边界条件
上边界（直线）	$g_1 = g_2 = q_{11} = q_{12} = q_{21} = q_{22} = 0$（Neumann）
上边界（椭圆）	$g_1 = g_2 = q_{11} = q_{12} = q_{21} = q_{22} = 0$（Neumann）
左边界	$h_{11} = h_{22} = 1$、$h_{12} = h_{21} = r_1 = r_2 = 0$（Dirichlet）
下边界（直线）	$g_1 = g_2 = q_{11} = q_{12} = q_{21} = q_{22} = 0$（Neumann）
下边界（椭圆）	$g_1 = g_2 = q_{11} = q_{12} = q_{21} = q_{22} = 0$（Neumann）
右边界	$g_1 = 100$，$g_2 = q_{11} = q_{12} = q_{21} = q_{22} = 0$（Neumann）

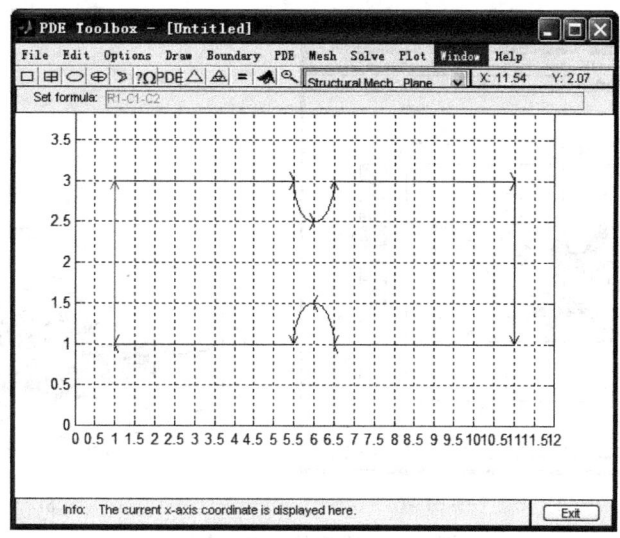

图 18-6 设置应力分析边界条件后的图形

5) 选择菜单命令"PDE"→"PDE Specification",输入偏微分方程的参数。由于采用的是 PDE 中的内置模型方程,因此只需在"PDE Specification"中输入相关参数,其中"E"(弹性模量)设置为"200E3","nu"(泊松比)设置为"0.3"。由于是静态问题所以不用考虑密度,"rho"(密度)设置为"1.0";又因为是薄板问题,可忽略体积力的作用,将"Kx"和"Ky"设置为"0.0"。设置好的偏微分方程参数如图 18-7 所示。

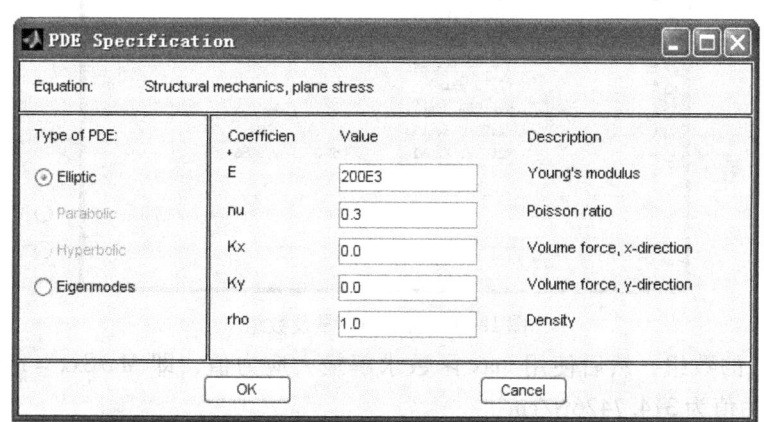

图 18-7 设置好的偏微分方程参数

6) 选择菜单命令"Mesh"→"Initialize Mesh",生成网格;选择菜单命令"Mesh"→"Refine Mesh",加密网格;选择菜单命令"solve PDE",求解偏微分方程。

7) 选择菜单命令"Plot"→"Parameters"绘制图形,为方便观察,选择"Property"菜单中的"X stress"命令,即 x 轴的应力。图 18-8a 和图 18-8b 所示分别为求解的平面应力分布图和三维应力分布图。

8) 用命令函数求解最大值。选用默认值设置传递参量,传递完成后会在"Workspace"窗口中生成相关的数据,输出的参量及数组如图 18-9 所示。其中"c"、"a"、"f"、"d"数组为 PDE 参量,"p"、"e"、"t"数组为 Mesh 参量,"u"数组为 Solve 参量。

为了确定应力集中系数,需要求出应力 σ_{xx} 的最大值,使用 StressX = pdesmech(p,t,

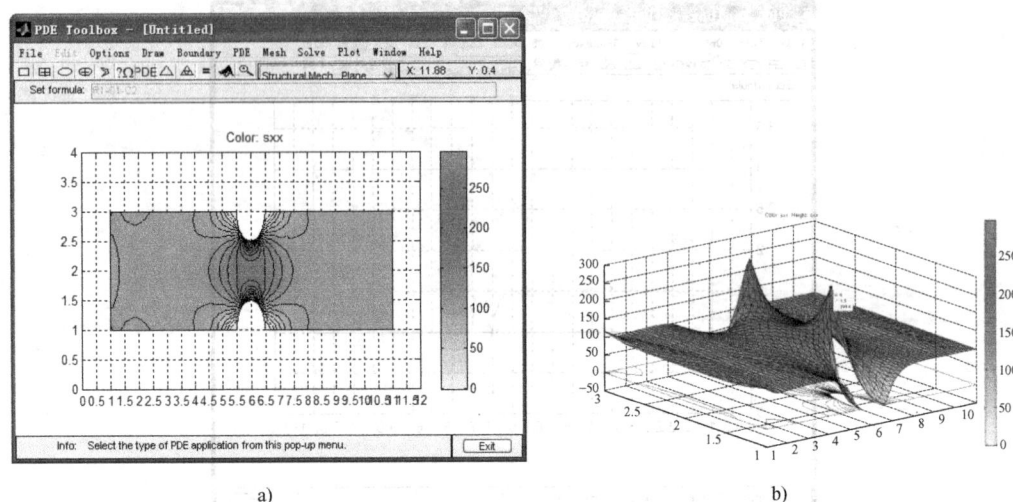

图 18-8 求解的应力分布图
a) 平面应力分布图 b) 三维应力分布图

图 18-9 输出的参量及数组

c，u）获取 σ_{xx} 的数组，然后使用 max 函数求解最大应力值，即 MaxSxx = max（StressX），得到的最大应力值为 314.7426N/cm²。

9）结果及分析。根据计算得到的最大应力值 314.7426N/cm²，可知应力集中产生在薄板凹槽处。将一个截面尺寸为 $0.2d$ 的无凹槽平板的应力 σ_m 与上面得出的应力相比，近似计算应力集中系数。

无凹槽平板的应力

$$\sigma_m = 100 \times 0.2D/0.2d = 200\text{N/cm}^2$$

其中 $D/d = 2$，应力集中系数 S_x 近似为

$$S_x = 314.7426/200 = 1.57$$

与实验测得的应力集中系数 1.37 和纽伯（Nueber）图表算出的应力集中系数 1.45（参见 A. P. Boresm、R. J. Schmedt 和 O. M. Stdebottom《Advanced Mechanics of Materals》，第五版，John Wiley & Sons，New York，1993 年，第 582~584 页）相比，结果基本吻合。如要获得与实际测量值相比误差更小的计算数据，则需要采用更合理的模型逼近真实的情况。

实验 19

热障涂层热传导蒙特卡罗法模拟

1. 实验目的

1）了解蒙特卡罗法的特点和应用。
2）用蒙特卡罗法模拟分析热障涂层涡轮叶片热传导。

2. 实验原理概述

蒙特卡罗（Monte Carlo）法又称为随机抽样统计实验方法，它的实质是通过大量随机实验，利用概率论解决问题的一种数值方法。随着计算机技术的发展，蒙特卡罗法被提出来，由于该方法能够比较逼真地描述具有随机性质的事物的特点及物理实验过程，因此其作为一种独立的方法，在材料领域以及其他各个领域得到了广泛应用。蒙特卡罗法在材料领域的应用包括扩散、晶粒形核与长大、再结晶等复杂过程的建模。

蒙特卡罗算法的主要组成部分为概率密度函数（PDF），即必须给出描述一个物理系统的一组概率密度函数；采用随机数产生器在区间 [0, 1] 上产生均匀分布的随机数以及抽样规则，即从在区间 [0, 1] 上均匀分布的随机数出发，随机抽取服从给定概率密度函数的随机变量。

利用 MATLAB 函数，可以方便地生成一维或多维随机数，而后可以用 hist 函数查看这些生成的随机数服从的大致分布情况。因此采用 MATLAB 软件可以实现简单的蒙特卡罗算法，用以分析和解决材料实验中的问题。本实验用 MATLAB 软件和蒙特卡罗法模拟分析热障涂层涡轮叶片的热传导问题。

（1）MATLAB 基本随机数生成 MATLAB 中有两个最基本的生成随机数的函数。
1）rand。在 (0, 1) 区间上生成均匀分布的随机变量。基本语法为
rand（[M, N, P, …]）
生成排列为 M×N×P×… 多维向量的随机数。如果只写 M，则生成 M×M 矩阵；如果参数为 [M, N]，则可以省略方括号。例如：
rand（5, 1）   % 生成 5 个随机数排列的列向量
rand（5）   % 生成 5 行 5 列的随机数矩阵

rand（[5, 4]） %生成5行4列的随机数矩阵

若输入

x = rand（100000, 1）;

hist（x, 30）;

则可以看到生成的随机数符合均匀分布。

2）randn。生成服从标准正态分布（均值为0，方差为1）的随机数。基本语法和rand类似。

若输入

x = randn（100000, 1）;

hist（x, 50）;

则可以看到生成的随机数符合标准正态分布。

（2）MATLAB连续分布随机数生成　如MATLAB安装了统计工具箱（Statistic Toolbox），则除了这两种基本分布外，还可以用内部函数生成符合下面分布的随机数。

1）unifrnd。与rand类似，这个函数生成某个区间内均匀分布的随机数。基本语法为

unifrnd（a, b, [M, N, P, ...]）

在（a, b）区间内生成的随机数，排列成M×N×P×…多维向量。如果只写M，则生成M×M矩阵；如果参数为[M, N]，则可以省略方括号。例如在（-2, 3）区间内生成5个随机数排列的列向量的语句为

unifrnd（-2, 3, 5, 1）

若输入

x = unifrnd（-2, 3, 100000, 1）;

hist（x, 50）;

则可以看到在（-2, 3）区间生成的随机数符合均匀分布。

2）normrnd。与randn类似，此函数生成指定均值、标准差的正态分布的随机数。基本语法为

normrnd（mu, sigma, [M, N, P, ...]）

生成的随机数服从均值为mu、标准差为sigma的正态分布，这些随机数排列成M×N×P×…多维向量。如果只写M，则生成M×M矩阵；如果参数为[M, N]，则可以省略方括号。例如生成5个随机数排列的列向量，随机数所服从的均值为2、标准差为3的正态分布的语句为

normrnd（2, 3, 5, 1）

若输入

x = normrnd（2, 3, 100000, 1）;

hist（x, 50）;

则生成均值为2、标准差为3的10万个随机数的正态分布。图19-1中上半部分是由x = normrnd（2, 3, 100000, 1）语句生成的均值为2、标准差为3的10万个随机数的正态分布，下半部分是由x = randn（100000, 1）语句生成10万个标准正态分布随机数的分布。可以看到上半部分图像的对称轴向正方向偏移（准确说移动到$x = 2$处），这是均值为2的结果。其他连续分布随机数函数请参考相关MATLAB参考资料。

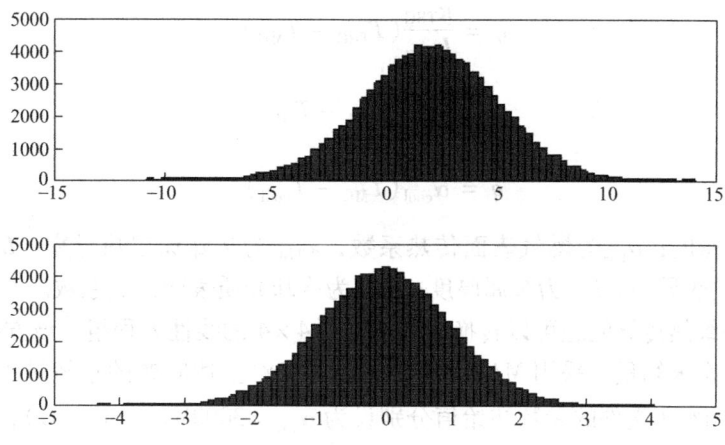

图 19-1 两种随机数的正态分布图

（3）涡轮叶片热传导问题的蒙特卡罗法模拟　为了验证蒙特卡罗法，我们考虑一个简化的涡轮叶片的热传导模型。为了有效降低叶片温度，叶片加工成空心，心部用冷却介质进行冷却。图 19-2a 和图 19-2 所示分别为叶片的横截面示意图和示意图中的 $A-A$ 局部放大图。叶片外表面与高温燃气接触，高温燃气的温度通过热障涂层传递到叶片的外表面，通常希望尽可能地降低叶片外表面温度 T_{MH}，从而提高叶片的使用寿命。叶片内表面用冷却介质进行冷却，以进一步降低叶片的温度。由于实际生产制造工艺的限制，叶片热障涂层厚度会在一个小范围内波动，因此计算 T_{MH} 和 T_{MC} 温度会出现偏差，本实验采用蒙特卡罗法模拟计算 T_{MH} 和 T_{MC} 温度，求出该热传导模型中的叶片表面温度变化范围。

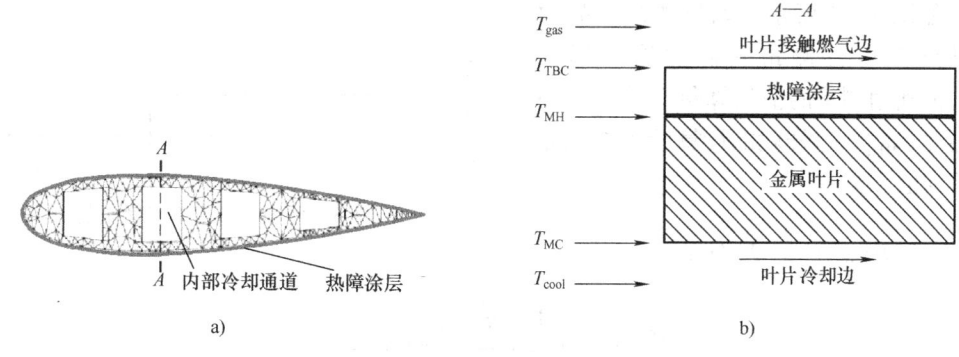

图 19-2　叶片示意图
a）叶片的横截面示意图　b）$A-A$ 局部放大图
T_{gas}—燃气温度　T_{TBC}—热障涂层温度　T_{MH}—金属叶片外表面温度
T_{MC}—金属叶片内表面温度　T_{cool}—冷却介质温度

1）模型建立。叶片热传导主要是从叶片的外表面向心部进行，因此可将此叶片热传导问题简化为一维热传导问题，热传导模型为

$$\dot{q} = \alpha_{gas}(T_{gas} - T_{TBC}) \tag{19-1}$$

$$\dot{q} = \frac{\kappa_{TBC}}{L_{TBC}}(T_{TBC} - T_{MH}) \tag{19-2}$$

$$\dot{q} = \frac{\kappa_{M}}{L_{M}}(T_{MH} - T_{MC}) \tag{19-3}$$

$$\dot{q} = \alpha_{cool}(T_{MC} - T_{cool}) \tag{19-4}$$

式中，$\dot{q}$ 为热流密度；α_{gas} 为燃气表面传热系数；κ_{TBC} 为热障涂层热导率；L_{TBC} 为热障涂层厚度；κ_{M} 为金属热导率；L_{M} 为金属厚度；α_{cool} 为冷却介质表面传热系数。

求解上述一维热传导问题可以转换为求解下列 4×4 的线性方程组，该方程组中有 T_{TBC}、T_{MH}、T_{MC}、$\dot{q}$ 四个未知量。采用 MATLAB 软件，可以将上述问题的求解过程编写为一个可调用的 M 文件，该 M 文件的参数初始值分别设为 $\alpha_{gas} = 3000\text{W}/(\text{m}^2 \cdot ℃)$，$\alpha_{cool} = 1000\text{W}/(\text{m}^2 \cdot ℃)$，$T_{gas} = 1300℃$，$T_{cool} = 200℃$，$\kappa_{TBC} = 1\text{W}/(\text{m} \cdot ℃)$，$\kappa_{M} = 21.5\text{W}/(\text{m} \cdot ℃)$，$L_{TBC} = 0.0005\text{m}$，$L_{M} = 0.003\text{m}$。

$$\begin{bmatrix} -\alpha_{gas} & 0 & 0 & -1 \\ \dfrac{\kappa_{TBC}}{L_{TBC}} & -\dfrac{\kappa_{TBC}}{L_{TBC}} & 0 & -1 \\ 0 & \dfrac{\kappa_{M}}{L_{M}} & -\dfrac{\kappa_{M}}{L_{M}} & -1 \\ 0 & 0 & \alpha_{cool} & -1 \end{bmatrix} \begin{bmatrix} T_{TBC} \\ T_{MH} \\ T_{MC} \\ \dot{q} \end{bmatrix} = \begin{bmatrix} -\alpha_{gas} T_{gas} \\ 0 \\ 0 \\ \alpha_{cool} T_{cool} \end{bmatrix} \tag{19-5}$$

2) 涂层厚度单参数均匀分布的蒙特卡罗法模拟。设涂层厚度 L_{TBC} 在 0.00025 ~ 0.00075m 范围内是均匀分布的，其概率密度函数如图 19-3 所示。如果能从产品中挑出 100 个叶片测量它们的涂层厚度 L_{TBCi}，再利用测量的值估算每个叶片的外表面温度 T_{MHi}，这样就能计算叶片外表面温度的均值和方差。

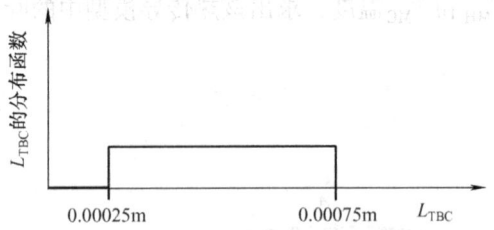

图 19-3 均匀分布概率密度函数

$$\mu_{T_{MH}} = \frac{1}{N} \sum_{i=1}^{N} T_{MHi}$$

$$\sigma^2_{T_{MH}} = \frac{1}{N-1} \sum_{i=1}^{N} (T_{MHi} - \mu_{T_{MH}})^2$$

采用蒙特卡罗法模拟挑选单个叶片涂层厚度的随机过程，可以利用在区间 [0, 1] 上产生均匀分布随机数来实现。定义 v 为区间 [0, 1] 上的均匀分布，则涂层厚度 $L_{TBCi} = 0.00025 + 0.0005v_i$，利用 MATLAB 中的 rand 函数产生 v_i。

3) 多参数均匀分布的蒙特卡罗法模拟。除涂层厚度的不确定性外，实际过程中还可能出现燃气表面传热系数、燃气温度、热障涂层热导率、金属热导率、金属厚度、冷却介质表面传热系数、冷却介质温度多个参数在一定范围内的不确定性。多个参数不确定性的输入问题，采用对每个输入参数都产生一系列均匀分布随机数的方法解决。可以把各个参数的取值范围存放在一个向量中，然后从向量中取值，完成对每个输入参数都产生均匀分布随机数。

4) 多参数非均匀分布的蒙特卡罗法模拟。利用输入随机变量的分布函数，可以研究非均匀分布的问题,如输入随机变量的分布函数,如图 19-4 所示,一般可利用均匀随机数得到一个百分数,再对分布函数求逆得到参数值。MATLAB 有产生服从正态分布的输入随机数的函数,例如 randn 函数就产生一个均值为 0、方差为 1 的正态随机变量。

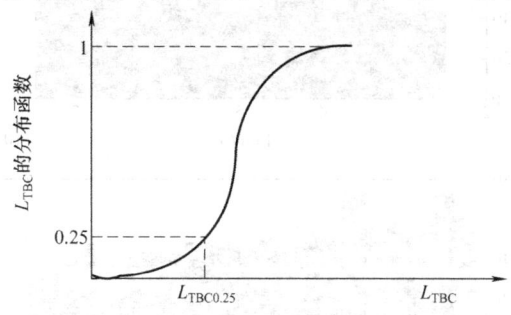

图 19-4 输入随机变量的分布函数

3. 实验步骤方法

(1) 涂层厚度单参数均匀分布的蒙特卡罗法模拟实现

1) 根据式 (19-5) 编写求解线性方程组的程序,保存为 "mtkl1.m" 文件。

程序为:

function [Ttbc, Tmh, Tmc, q] = mtkl0 (hgas, Tgas, ktbc, Ltbc, km, Lm, hcool, Tcool)

%计算矩阵

K = [-hgas, 0, 0, -1; ktbc/Ltbc, -ktbc/Ltbc, 0, -1; 0, km/Lm, -km/Lm, -1; 0, 0, hcool, -1];

%计算等式右侧量

b = [-hgas * Tgas; 0; 0; hcool * Tcool];

u = K \ b;

%输出计算结果

Ttbc = u (1);

Tmh = u (2);

Tmc = u (3);

q = u (4);

2) 编写单个变量 L_{TBC} 均匀分布情况下叶片热传导的蒙特卡罗法模拟程序,保存为 "mtkl2.m" 文件。运行 "mtkl2.m" 程序后得到模拟结果为 Mean Tmh = 837.361278、Std Tmh = 46.625756,即金属叶片热边温度 T_{MH} 平均值为 837.361278℃,方差为 46.625756 (由于计算机产生的随机数不同,程序运行后的结果会有差异)。图 19-5 所示为单个变量 L_{TBC} 均匀分布模拟输出图形。

模拟程序为:

clear all;% mtkl2.m 文件

%参数的标称值

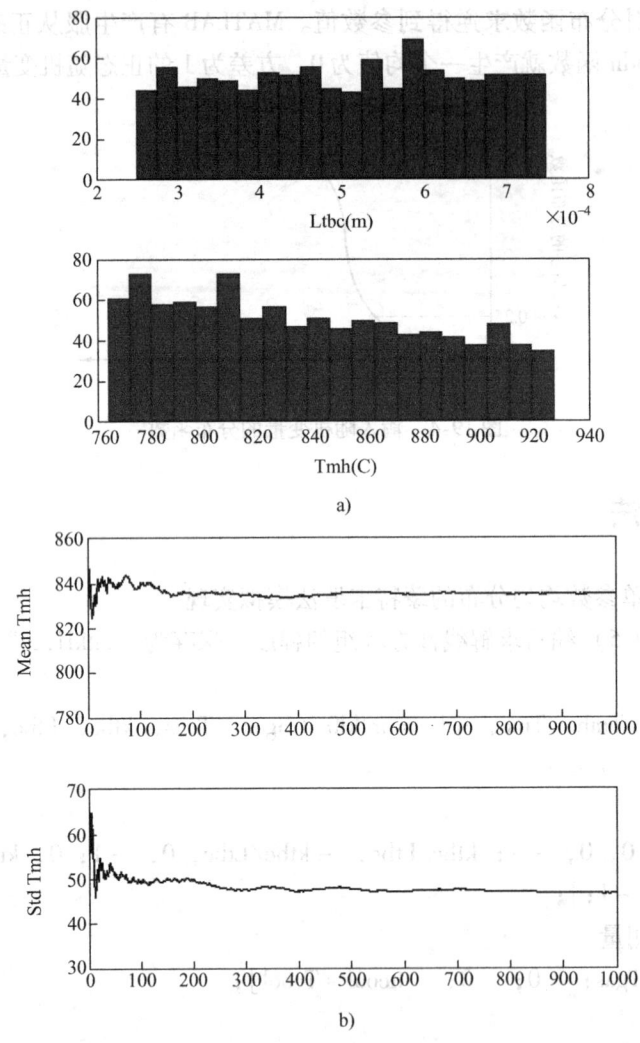

图 19-5 单个变量 L_{TBC} 均匀分布模拟输出图形

a) 涂层厚度与温度直方图 b) 模拟实验次数与金属叶片热边温度曲线

```
hgas = 3000;              %  TBC-燃气表面传热系数
Tgas = 1300;              %  混合燃气温度
ktbc = 1;                 %  TBC 热导率
km   = 21.5;              %  金属热导率
Lm   = 0.003;             %  金属厚度
hcool = 1000;             %  冷却介质-金属表面传热系数
Tcool = 200;              %  冷却介质温度
%蒙特卡罗实验次数
Ntrial = 1000;
for n = 1：Ntrial,
```

Ltbc(n) = 0.00025 + 0.0005 * rand; %用均匀分布产生 Ltbc 的值
[Ttbc, Tmh(n), Tmc, q] = blade1D(hgas, Tgas, ktbc, Ltbc(n), km, Lm, hcool, Tcool);
  if(n > 1),
  mTmh(n-1) = mean(Tmh);
  sTmh(n-1) = std(Tmh);
  end
% plot(Ltbc(n), Tmh(n), '*'); hold on;
% drawnow;
end
fprintf('Mean Tmh = %f\n', mTmh(Ntrial-1));
fprintf('Std Tmh = %f\n', sTmh(Ntrial-1));
subplot(211)
hist(Ltbc, 20);
xlabel('Ltbc(m)');
subplot(212);
hist(Tmh, 20);
xlabel('Tmh(C)');
figure;
subplot(211);
plot(mTmh);
ylabel('Mean Tmh');
subplot(212);
plot(sTmh);
ylabel('Std Tmh');

(2) 多参数均匀分布的蒙特卡罗法模拟实现　除叶片涂层厚度的不确定性外，其他参数有可能也存在不确定性，因此多参数模拟就显得十分必要。例如，上例中叶片的多参数不确定性包括燃气表面传热系数 α_{gas} 在 1500~4500W/(m^2·℃) 范围、燃气温度 T_{gas} 在 1200~1400℃ 范围、热障涂层热导率 κ_{TBC} 在 0.9~1.1W/(m·℃) 范围、金属热导率 κ_M 在 20~23W/(m·℃) 范围、金属厚度 L_M 在 0.002~0.004m 范围、冷却介质表面传热系数 α_{cool} 在 500~1500W/(m^2·℃) 范围、冷却介质温度 T_{cool} 在 150~250℃ 范围的不确定性。对上面例子多参数均匀分布的蒙特卡罗法模拟编程，并保存为"mtkl3.m"文件。运行"mtkl3.m"程序实现多个变量均匀分布情况下叶片热传导的模拟情况。运行结果为 MeanTmh = 836.836027、Std Tmh = 21.761464，即金属叶片外表面温度 T_{MH} 的平均值为 836.836027℃，方差为 21.761464（由于计算机产生的随机数不同，程序运行后的结果会有差异）。图 19-6 所示为多变量均匀分布模拟输出图形。

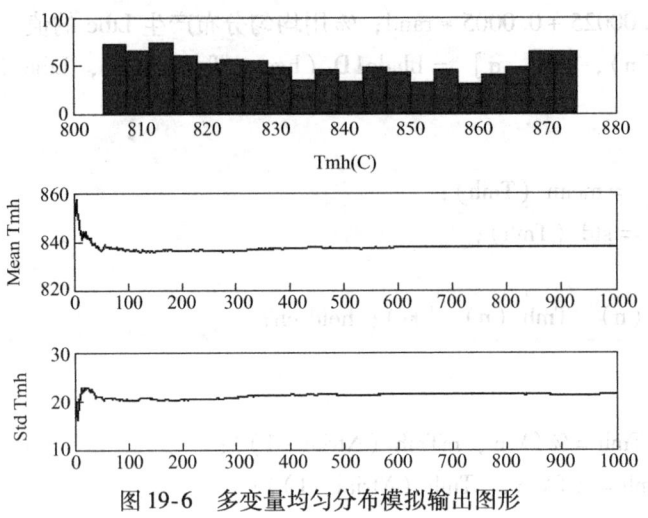

图 19-6 多变量均匀分布模拟输出图形

4. 练习及思考题

1）用蒙特卡罗法计算 π。图 19-7 所示为蒙特卡罗法计算 π 示意图。图中正方形面积是 1，阴影部分 1/4 个圆的面积是 π/4。在正方形区域内生成总数为 N 的均匀分布的二维随机数 $N(x, y)$，x 和 y 的取值范围均为 0~1。随着生成的随机数数量增加，这些随机数落在 1/4 个圆内的数为 n，则 n/N 值会趋近 π/4（编程提示：x =（随机数）；y =（随机数）；dis$t = \sqrt{x^2 + y^2}$；if dist <1；$n = n + 1$；π = 4n/N）。

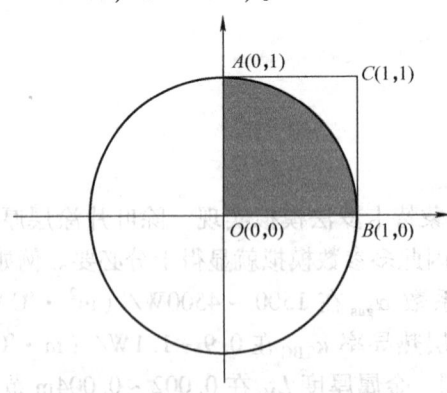

图 19-7 蒙特卡罗法计算 π 示意图

2）在与多参数均匀分布的蒙特卡罗法模拟实现的条件相同的情况下，完成多个变量正态分布情况下叶片热传导的蒙特卡罗法模拟。（提示：采用正态分布产生各个参数的值。例如 randn 或 normrnd 函数产生正态随机变量，编程参考 mtkl4.m 文件。）

实验 20

热喷涂熔滴表面沉积残余应力分析

1. 实验目的

1）熟悉 ANSYS 软件。
2）用 ANSYS 12.1 Mechanical/Emag 中的热-结构分析模块对热喷涂熔滴表面沉积进行残余应力分析。

2. 实验原理概述

热喷涂金属熔滴在基体表面凝固沉积，会产生残余应力，降低涂层的自身结合强度以及涂层与基体材料的结合强度，导致涂层产生裂纹，甚至涂层脱落。因此研究热喷涂涂层中的残余应力状态对提高涂层性能有至关重要的意义。本实验利用 ANSYS 12.1 Mechanical/Emag 中的热-结构分析模块研究热喷涂金属熔滴在基体表面凝固沉积时的残余应力。

金属镍熔滴凝固沉积成圆片，其纵断面形状、尺寸如图 20-1 所示。设熔滴由熔点温度 1454℃冷却到室温 25℃，忽略对流带来的影响，求熔滴 100μs 时的温度场分布以及熔滴的轴向应力场和径向应力场。研究对象的边界条件符合轴对称的条件，并设沉积基体碳素钢的尺寸远大于熔滴颗粒（本实验取基体尺寸为 2000μm × 1000μm），分析过程中取断面的一半进行求解。

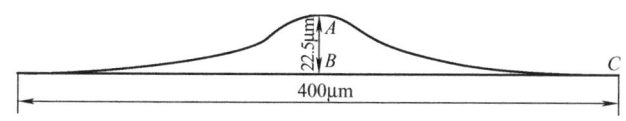

图 20-1 金属镍熔滴表面凝固沉积后纵断面形状、尺寸

3. 实验步骤方法

（1）建立工作文件名和定义单元类型　启动 ANSYS 12.1，选择菜单"Mechanical APDL Product Launcher"，在工作目录和工作文件中输入文件的存放路径和文件名。

1)选择菜单命令"Main Menu"→"Preprocessor"→"Element Type"→"Add/Edit/Delete",出现"Element Types"对话框。单击"Add"按钮,出现"Library of Element Types"对话框,在两个列表框中选择"Thermal Solid、Quad 4node 55"选项,在"Element type reference number"文本框中输入"1"。

2)单击"Options"按钮,出现"PLANE55 element type options"对话框,在"K3"下拉列表框中选择"Axisymmetric"选项,设置单元属性,如图20-2所示。

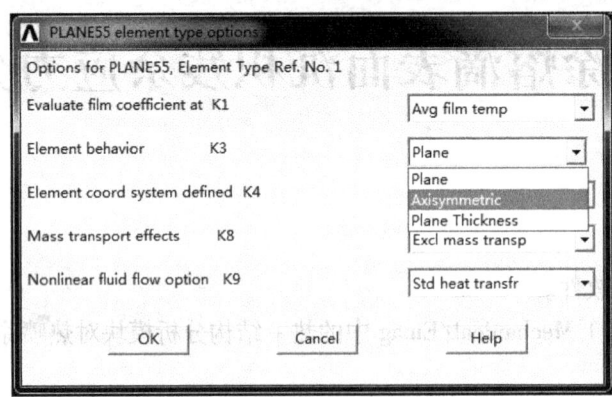

图20-2 单元属性设置

(2)材料性能参数设置

1)选择菜单命令"Main Menu"→"Preprocessor"→"Material Props"→"Material Models",出现"Define Material Model Behavior"窗口,设置材料属性,如图20-3所示。

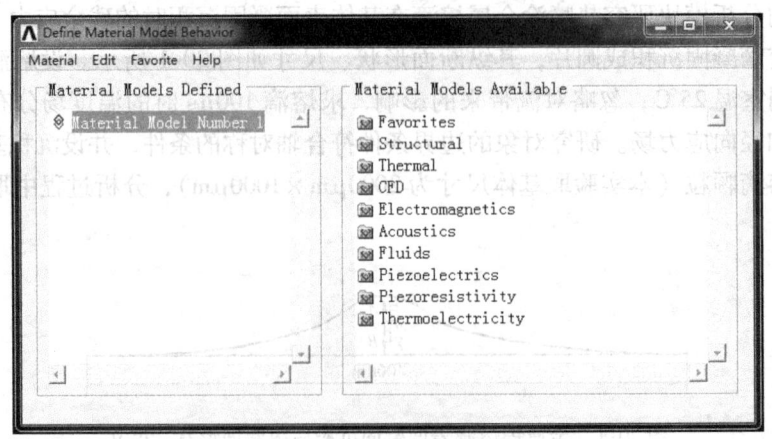

图20-3 材料属性设置窗口

2)将参考文献[13]中材料性能数据的单位换算成 μm、mg、μs 后输入"Material Models Available"文本框中。

(3)创建几何模型、划分网格

1)选择菜单命令"Main Menu"→"Preprocessor"→"Modeling"→"Create"→

"Keypoints"→"In Active CS",出现"Create Keypoints in Active Coordinate System"对话框,在"NPT Keypoint number"文本框中输入"1",在"X,Y,Z Location in active CS"文本框中分别输入"0"、"22.5"、"0",如图20-4所示,单击"Apply"按钮。同理创建其他关键点编号和坐标,见表20-1。

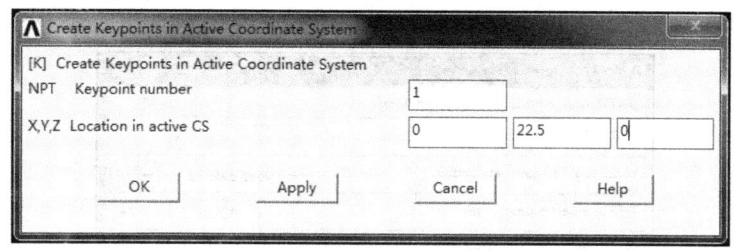

图20-4 创建关键点对话框

表20-1 其他关键点编号和坐标

编号	2	3	4	5	6	7	8
坐标	10, 22, 0	20, 19.3, 0	30, 16.5, 0	40, 13.8, 0	50, 12, 0	60, 9.5, 0	70, 7.5, 0
编号	9	10	11	12	13	14	—
坐标	80, 5.5, 0	90, 4.5, 0	100, 2.8, 0	110, 2.8, 0	200, 0, 0	0, 0, 0	—

2)在命令流窗口输入命令流"*do, i, 1, 13, Lstr, i, i+1, *enddo",将关键点1~14连成直线。

3)选择菜单命令"Main Menu"→"Preprocessor"→"Modeling"→"Create"→"Lines"→"Straight Line",出现"Create Straight"对话框,选择节点14和节点1。

4)选择菜单命令"Main Menu"→"Preprocessor"→"Modeling"→"Create"→"Areas"→"Arbitrary"→"By Lines",依次选择各直线创建熔滴几何模型。

5)选择菜单命令"Main Menu"→"Preprocessor"→"Modeling"→"Create"→"Areas"→"Rectangle"→"By Dimensions",出现"Create Rectangle by Dimensions"对话框,按图20-5进行设置。

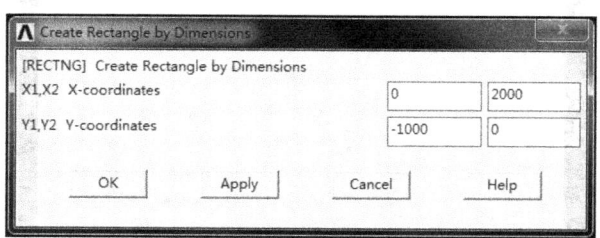

图20-5 创建矩形参数设置对话框

6)选择菜单命令"Main Menu"→"Preprocessor"→"Modeling"→"Operate"→"Booleans"→"Glue"→"Areas",出现"Glue Areas"对话框,单击"Pick All"按钮。

7)选择菜单命令"Main Menu"→"Preprocessor"→"Numbering Ctrls"→"Compress Numbers",出现"Compress Numbers"对话框,在"Label Item to be compressed"下拉列表

框中选择"Areas"选项。

8) 选择菜单命令"Main Menu"→"Preprocessor"→"Meshing"→"Mesh Attributes"→"Picked Areas",出现"Area Attributes"对话框,选择熔滴的几何模型,在"MAT Material number"下拉列表框中选择"1";同理为基体材料选择属性 2(读者也可根据自己的材料属性编号选择),如图 20-6 所示。

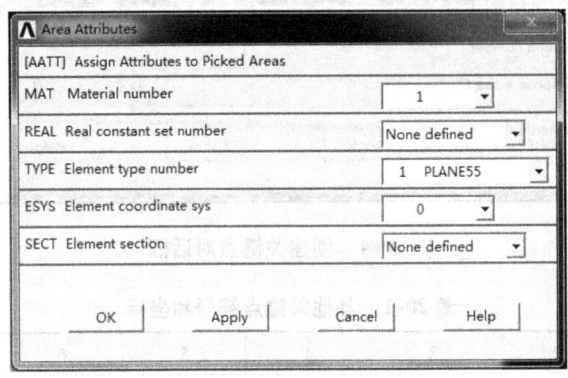

图 20-6　网格划分属性对话框

9) 选择菜单命令"Main Menu"→"Preprocessor"→"Meshing"→"Mesh"→"Areas"→"Free",出现"Mesh Areas"对话框,单击"Pick All"按钮,网格划分结果如图 20-7 所示。

10) 选择菜单命令"Main Menu"→"Preprocessor"→"Numbering Ctrls"→"Merge Items",出现"Merge Coincident or Equivalently Defined Items"对话框,在"Label"下拉列表框中选择"Node"选项。

11) 选择菜单命令"Utility Menu"→"File"→"Save as",保存数据库,也可以直接在"ANSYS Toolbar"菜单里选择"SAVE DB"命令,将数据库保存到用户目录中。

图 20-7　网格划分结果

(4) 加载求解

1) 选择菜单命令"Main Menu"→"Solution"→"Analysis Type",打开"New Analysis"对话框,选择类型为"Transient"的瞬态分析方式。

2) 选择菜单命令"Main Menu"→"Solution"→"Load Step Opts"→"Solution Ctrl",

打开"Nonlinear Solution Control"对话框,将"[SOLCONTROL] Solution Control"选项设置为"On",如图20-8所示。

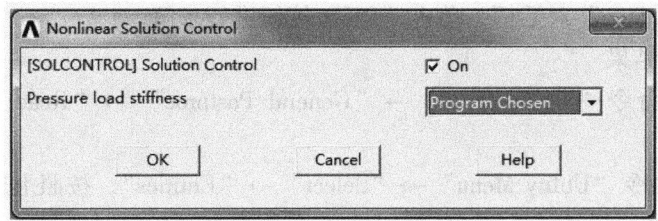

图20-8 非线性求解控制器

3)选择菜单命令"Utility Menu"→"Select"→"Entities",出现"Select Entities"对话框,参照图20-9所示进行设置。

4)选择菜单命令"Main Menu"→"Solution"→"Define Loads"→"Apply"→"Initial Condit'n"→"Define",单击"Pick All"按钮,出现"Define Initial Conditions on Nodes"对话框,在"Lab DOF to be defined"列表框中选择"TEMP"选项,在"VALUE Initial value of DOF"文本框中输入"1454"。

5)选择菜单命令"Utility Menu"→"Select"→"Entities",按照上述方法选择基体全部节点(即在"Min, Max, Inc"文本框中输入"2")。同时在"VALUE Initial value of DOF"文本框中输入"25"。

6)选择菜单命令"Utility Menu"→"Select"→"Everything",选择所有实体。选择菜单命令"Main Menu"→"Solution"→"Analysis Type→Sol'n Controls",在出现的"Solution Controls"对话框中按照图20-10所示进行设置。

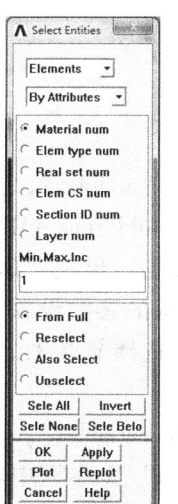 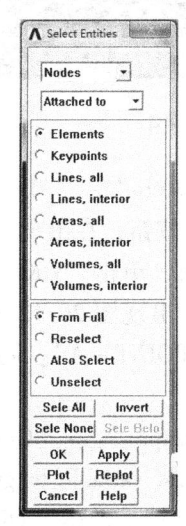 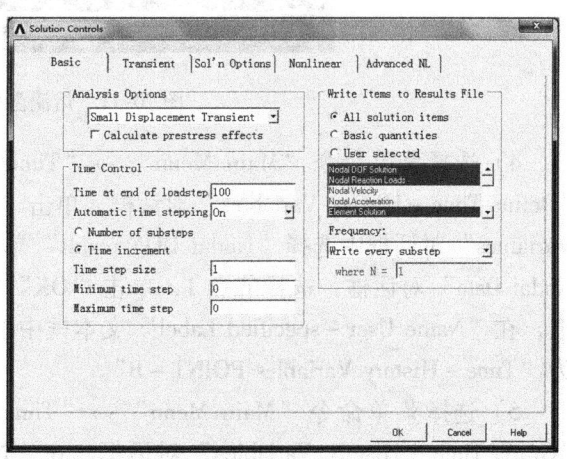

图20-9 "Select Entities"对话框   图20-10 "Solution Controls"对话框

7)选择菜单命令"Main Menu"→"Solution"→"Load Step Opts"→"Output Ctrls"→"DB/Result File",出现"Controls for Database and Results File Writing"对话框,在"Item"列表框中选择"All Item"选项,在"FREQ"选项组中选择"Every Substep"单选

按钮。

8）选择菜单命令"Main Menu"→"Solution"→"Solve"→"Current LS"，出现"Solve Current Load Step"对话框，单击"OK"按钮进行求解。

(5) 温度求解结果

1）选择菜单命令"Main Menu"→"General Postproc"→"Read Result"→"Last Set"。

2）选择菜单命令"Utility Menu"→"Select"→"Entities"，按照上述实体选择的方法选取熔滴的全部节点。

3）选择菜单命令"Main Menu"→"General Postproc"→"Plot Results"→"Contour Plot"→"Nodal Solu"，在出现的"Contour Nodal Solution Data"对话框中选择"Nodal Solution"→"DOF Solution"→"Nodal Temperature"选项，得到熔滴在100μs时的温度场分布，如图20-11所示。

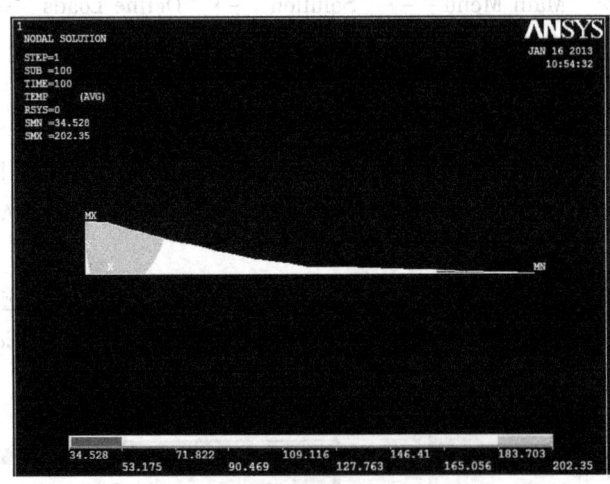

图20-11 熔滴温度分布云图

4）选择菜单命令"Main Menu"→"TimeHist Postpro"→"Define Variables"，出现"Define Time - History Variables"对话框，单击"Add"按钮，在出现的"Add Time - History Variables"对话框中选择"Nodal DOF result"单选按钮，单击"OK"按钮，出现"Define Nodal Data"对话框，选择节点1，单击"OK"按钮，出现图20-12所示的参数设置文本框，在"Name User - specified Label"文本框中输入"POINT - A"。同上选择节点2，定义为"Time - History Variables POINT - B"。

5）选择菜单命令"Main Menu"→"TimeHist Postpro"→"Graph Variables"，出现"Graph Time - History Variables"对话框，在"NVAR 1st variable to graph"文本框中输入"2"，在"NVAR 2nd variable to graph"文本框中输入"3"，单击"OK"按钮关闭对话框。A点和B点温度随时间的变化曲线如图20-13所示。

(6) 应力求解

1）选择菜单命令"Main Menu"→"Preprocessor"→"Element Type"→"Switch Elem Type"，出现"Switch Elem Type"对话框，在"Change element type"下拉列表框中选择"Thermal to Struc"选项。

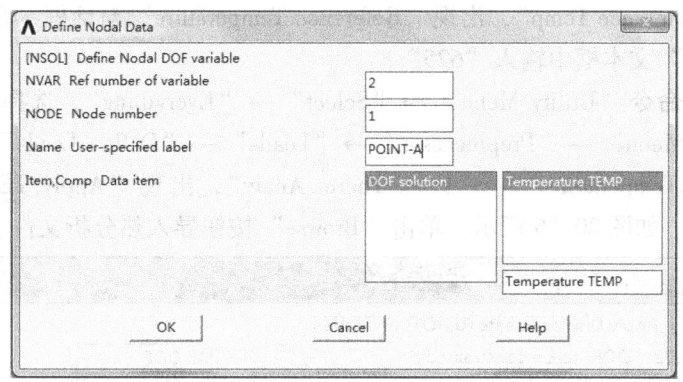

图 20-12 定义时间历程变量对话框

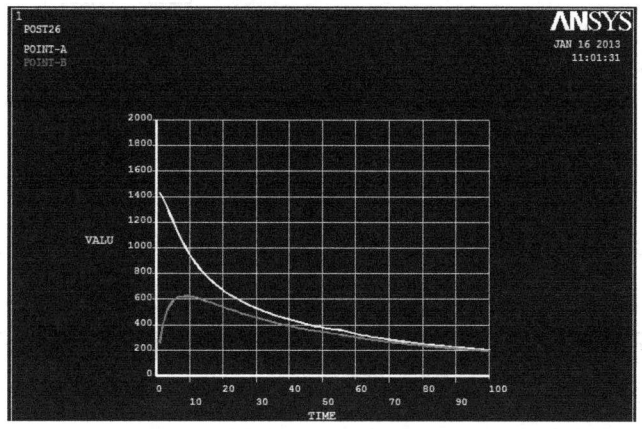

图 20-13 A 点和 B 点温度随时间的变化曲线

2) 选择菜单命令"Main Menu"→"Preprocessor"→"Element Type"→"Add/Edit/Delete",出现"Element Types"对话框,单击"Option"按钮,出现"PLANE182 element type options"对话框,在"K3"选项组中选择"Axisymmetric"选项。

3) 选择菜单命令"Utility Menu"→"Select"→"Entities",出现"Select Entities"对话框,按图 20-14 所示进行设置。

4) 选择菜单命令"Main Menu"→"Preprocessor"→"Loads"→"Define Loads"→"Apply"→"Structural"→"Displacement"→"On Nodes",出现"Apply U, ROT on Nodes"选择对话框,在"Lab2 DOFs to be constrained"中选择"UX"选项,如图 20-15 所示。

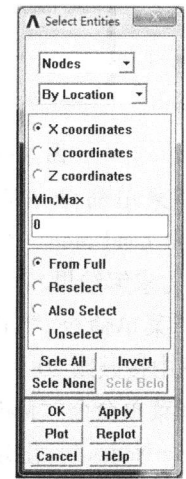

图 20-14 "Select Entities"对话框

5) 选择菜单命令"Main Menu"→"Preprocessor"→"Loads"→"Define Loads"→

"Settings"→"Reference Temp",出现"Reference Temperature"对话框,在"[TREF] Reference temperature"文本框中输入"625"。

6) 选择菜单命令"Utility Menu"→"Select"→"Everything",选择所有实体。选择菜单命令"Main Menu"→"Preprocessor"→"Loads"→"Define Loads"→"Apply"→"Structural"→"Temperature"→"From Therm Analy",出现"Apply TEMP from Thermal Analysis"对话框,如图20-16所示,单击"Browse"按钮导入热分析文件。

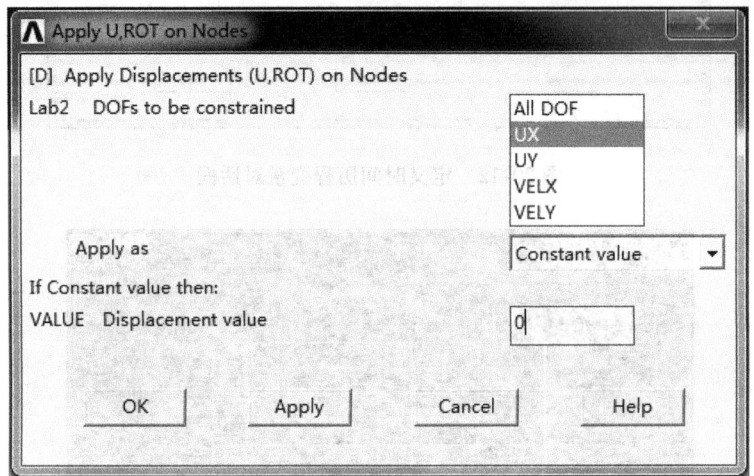

图 20-15 "Apply U,ROT on Nodes"对话框

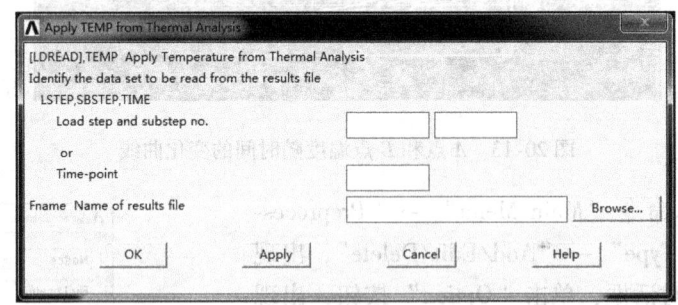

图 20-16 "Apply TEMP from Thermal Analysis"对话框

7) 选择菜单命令"Main Menu"→"Solution"→"Solve"→"Current LS",出现"Solve Current Load Step"对话框,单击"OK"按钮进行应力计算。

(7) 应力求解结果

1) 选择菜单命令"Utility Menu"→"Select"→"Entities",在出现的"Select Entities"对话框中按照图20-9所示选择熔滴的所有节点。

2) 选择菜单命令"Main Menu"→"General Postproc"→"Path Operation"→"Define Path"→"By Nodes",出现"By Nodes"对话框,在其文本框中输入"42"、"1",在"Name"文本框中输入路径名。

3) 选择菜单命令"Main Menu"→"General Postproc"→"Path Operation"→"Map Onto Path",出现"Map Result Items onto Path"对话框,在"Lab"文本框中输入"path1-sx";在"Item"两个列表框中分别选择"DOF solution"、"Translation UX"选项,如图

20-17所示。

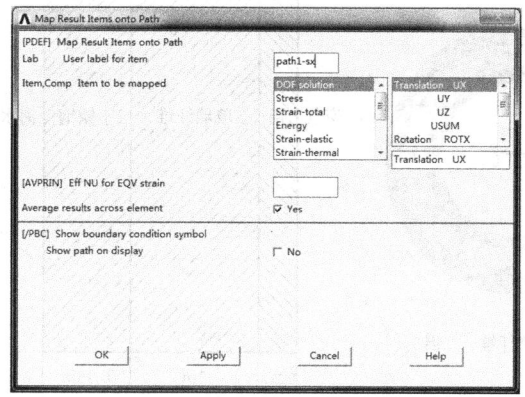

图20-17 "Map Result Items onto Path" 对话框

4）选择菜单命令"Main Menu"→"General Postproc"→"Plot Results"→"Contour Plot"→"Nodal Solu"，出现"Contour Nodal Solution Data"对话框，选择"Nodal Solution"→"X-Component of stress"选项，得出 $100\mu s$ 时的径向应力场云图，如图20-18a所示。同理得出 $100\mu s$ 时的轴向应力场云图，如图20-18b所示。

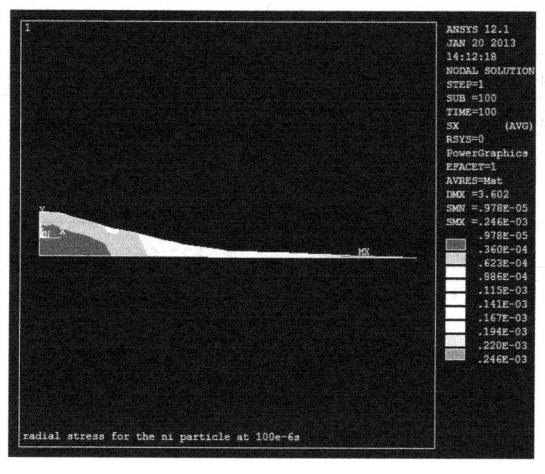
a)

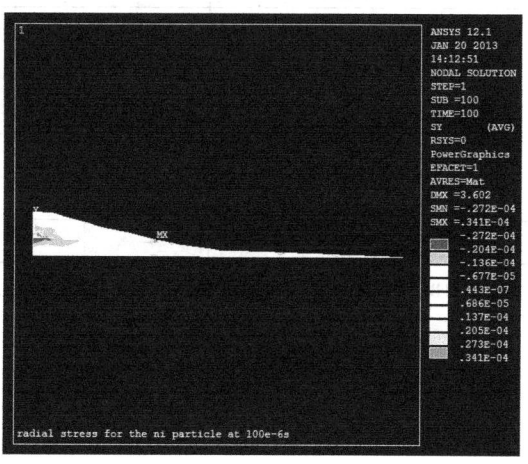
b)

图20-18 熔滴在 $100\mu s$ 时的应力场云图
a）径向应力场云图　b）轴向应力场云图

4. 练习及思考题

水下潜艇壳体材料由三层组成，外层为不锈钢，中间为玻璃纤维构成的隔热层，里层为铝，潜艇可以简化为一圆筒，于是筒内为空气，筒外为海水，求内、外壁面温度及温度分布。潜艇壳体构造示意图如图20-19所示，潜艇壳体材料的各项参数见表20-2（参见参考文献[24]）。

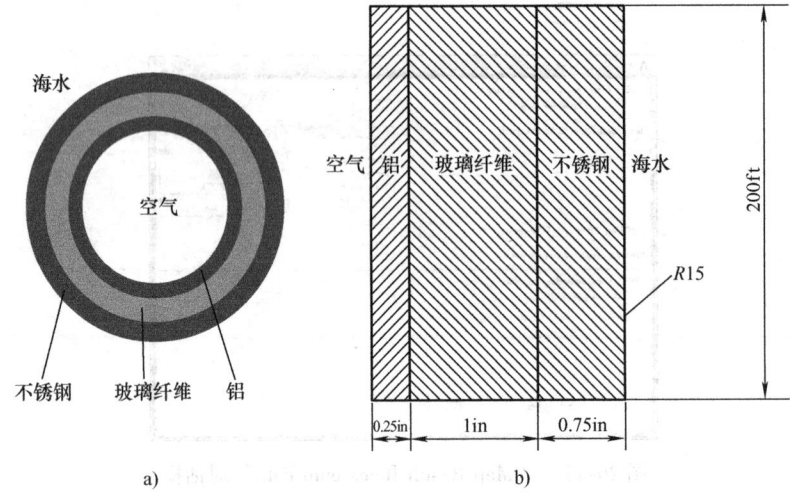

图 20-19　潜艇壳体构造示意图

a) 潜艇壳体圆筒模型　b) 潜艇壳体材料组成示意图

表 20-2　潜艇壳体材料的各项参数

几何参数		传热系数		边界条件	
筒外径	30ft	不锈钢	8.27Btu/（h·ft²·°F）	空气温度	70 °F
总壁厚	2in	玻璃纤维	0.028Btu/（h·ft²·°F）	海水温度	44.5 °F
不锈钢层壁厚	0.75in	铝	117.4Btu/（h·ft²·°F）	空气表面传热系数	2.5Btu/（h·ft²·°F）
玻璃纤维层壁厚	1in	—	—	海水表面传热系数	80Btu/（h·ft²·°F）
铝层壁厚	0.25in	—	—	—	—
筒长	200ft	—	—	—	—

注：1Btu/（h·ft²·°F）=1.731W/（m²·℃）；1ft=0.3048m；1in=25.4mm；1°F=5/9℃。

实验 21

冷热水混合器热流交换计算流体力学（CFD）分析

21.1 Gambit 建模与网格划分

1. 实验目的

1）熟悉 Gambit 的用户界面和操作。
2）学会使用 Gambit 建模和划分网格。

2. 实验原理概述

Gambit 是计算流体力学（CFD）的专业前处理器软件，它强大的布尔运算能力为建立复杂的几何模型提供了极大的方便，它既可以在 Gambit 内直接建立点、线、面、体几何数据，也可以从主流的 CAD/CAE 系统如 Pro/E、UG Ⅱ、I - DEAS、CATIA、SolidWorks、ANSYS、Patran 中导入几何数据和网格。

Gambit 具有功能强大的网格划分工具，可以划分出包含边界层等符合 CFD 特殊要求的高质量网格。Gambit 中专有的网格划分算法可以保证在较为复杂的几何区域直接划分出高质量的六面体网格，可以生成 FLUENT 5、FLUENT 4.5、FIDAP、POLYFLOW、NEKTON、ANSYS 等求解器所需要的网格。本实验用 Gambit 创建几何模型并划分网格，计算冷热水混合器的内部流动与热量交换问题。冷热水混合器的结构如图 21-1 所示，长、宽均为 20cm，上部带有半径为 3cm 的圆角，温度为 350K 的热水自上部热水管嘴流入，与下部右侧管嘴流入的温度为 290K 的冷水在混合器内进行热量与动量交换后，自下部左侧的小管嘴流出。

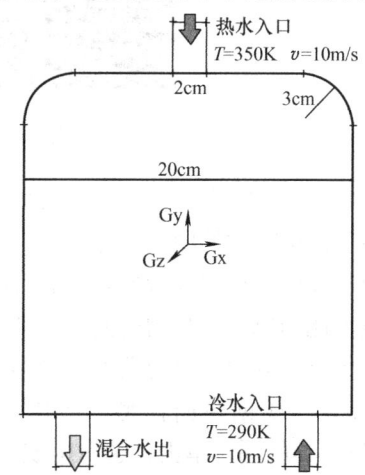

图 21-1 冷热水混合器的结构示意图

3. 实验步骤方法

1）启动 Gambit 建立一个新的项目文件。选择菜单命令"Solver"→"FLUENT5/6"，选择求解器为 Fluent6。

2）选择菜单命令"Tools"→"Coordinate"→"Display Grid"，创建 x 坐标和 y 坐标 $-10 \sim 10$ 的网格，然后在按住"Ctrl"键的同时右击鼠标，在坐标网格创建各点。

3）通过"Geometry"→"Vertex"→"Move/Copy"工具将小管嘴内侧的 2 个点复制 3 个点位，创建各个小管嘴外侧的点。建立模型所需要的各点坐标如图 21-2 所示。

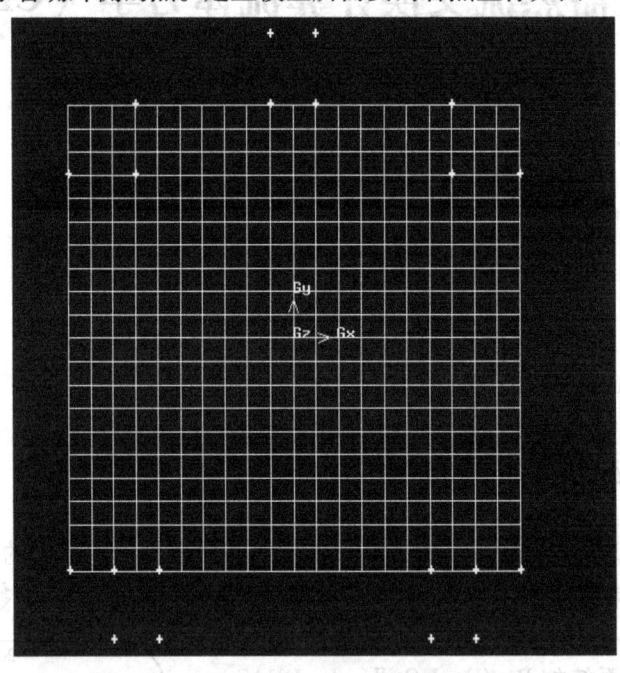

图 21-2　建立模型所需要的各点坐标

4）由各点创建直线和圆弧线。用"Geometry"→"Edge"→"Create Edge"工具，在按住"Shift"键的同时单击鼠标，选中直线两端的点，创建出所需要的直线，需要注意的是创建直线时要选取最近的点，而且各直线不能重叠，否则在后续将线组成面的操作中，这些直线不能构成一个封闭的面；在"Create Edge"工具中选择"Arc"工具，选中中心点和圆弧起始点，创建出混合器上面的两条圆弧线。创建的直线和圆弧线模型如图 21-3 所示。

5）由线创建面模型。选择"Geometry"→"Face"→"Form Face"工具，在按住"Shift"键的同时单击，选中构成一个封闭空间各面的线，创建出各面。本模型中共有 4 个面，分别为混合体和 3 个小管嘴。

6）划分各面的网格。选择"Mesh"→"Edges"→"Mesh Edges"工具，将组成各面的各线按照等分方式划分，各个边划分的等分点如图 21-5 所示。一个面的各边划分出网格等分之后，选择"Mesh"→"Face"→"Mesh Face"工具，创建一个面的网格。用同样的方式可以创建进水和出水管嘴网格，划分好网格的模型如图 21-6 所示。

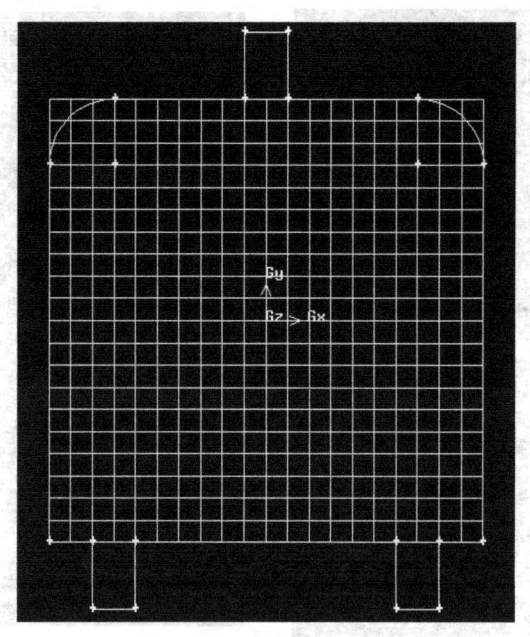

图 21-3 创建的直线和圆弧线模型

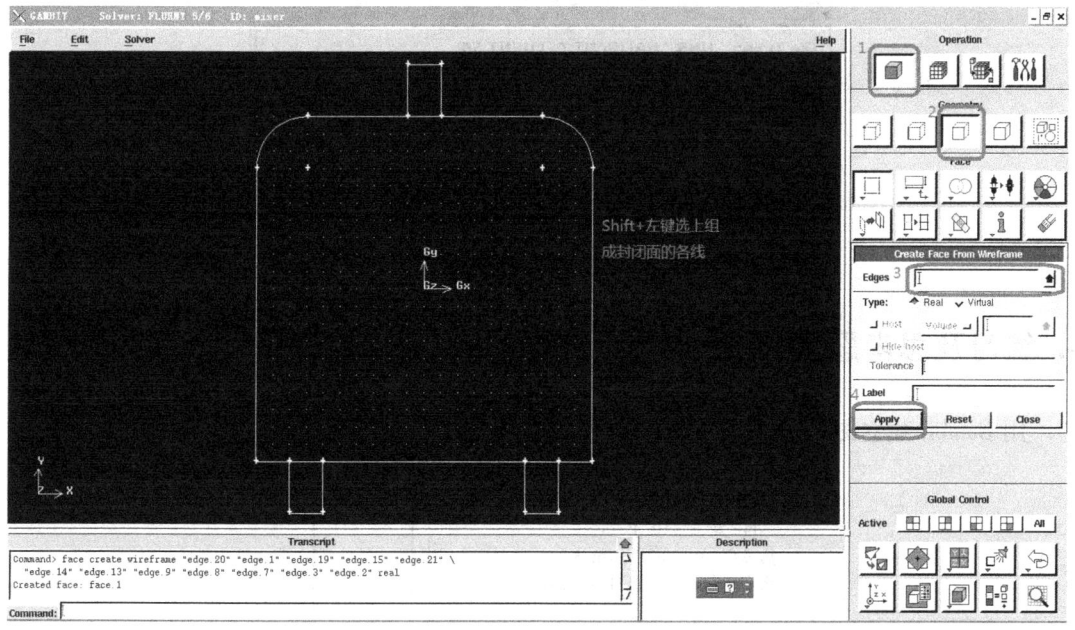

图 21-4 创建各面的过程

7) 设置边界类型。选择"Zone"→"Specify Boundary Type"工具,将小管嘴的两个入口设置为"Velocity Inlet"类型,出口设置为"Outflow"类型。

8) 导出网格文件和保存项目。选择菜单命令"File"→"Export"→"Mesh",输入导出网格文件的路径和文件名后,单击"Accept"按钮,导出网格文件,如图 21-7 所示。选择菜单命令"File"→"Exit",保存当前的项目文件,关闭 Gambit 软件。

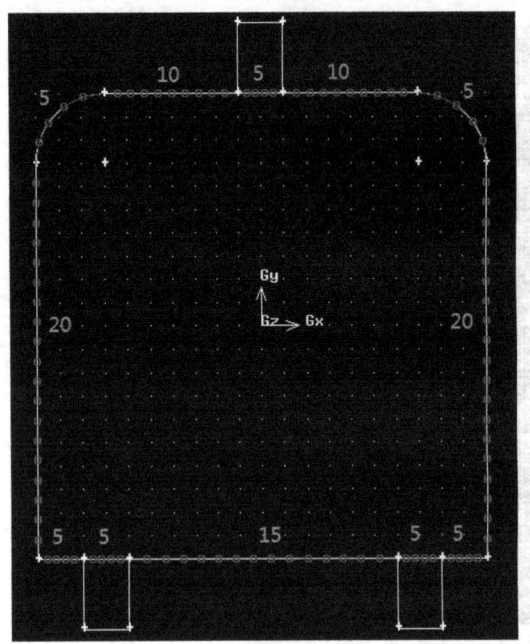 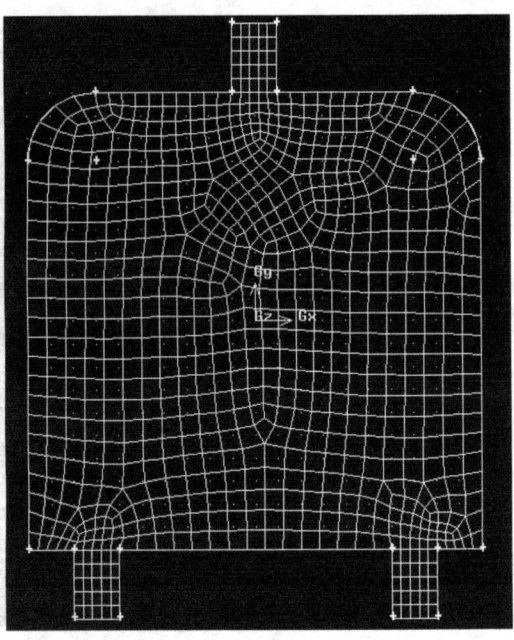

图 21-5 各个边划分的等分点　　　　　　图 21-6 划分好网格的模型

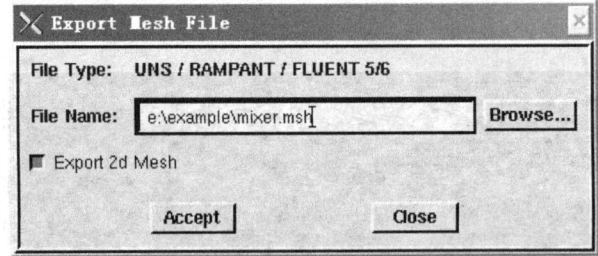

图 21-7 导出网格文件

4. 练习及思考题

用 Gambit 建立图 21-8 所示的弯管模型并且划分网格。

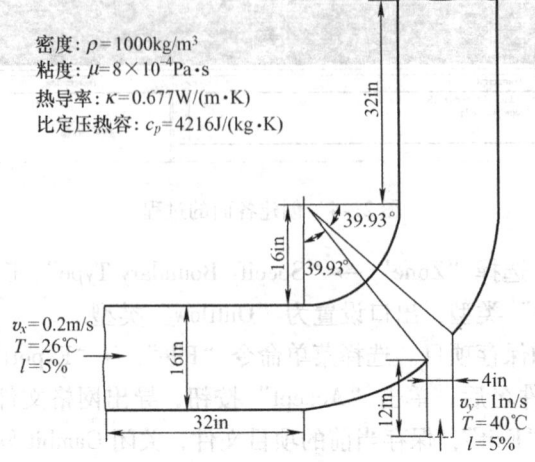

密度：$\rho = 1000\text{kg/m}^3$
粘度：$\mu = 8 \times 10^{-4}\text{Pa}\cdot\text{s}$
热导率：$\kappa = 0.677\text{W/(m·K)}$
比定压热容：$c_p = 4216\text{J/(kg·K)}$

图 21-8 弯管模型

21.2 FLUENT 计算与后处理

1. 实验目的

1）熟悉 FLUENT 求解的基本过程和操作。
2）用 FLUENT 计算一个冷热水混合器的内部流动与热量交换问题。

2. 实验原理概述

FLUENT 是目前国际上流行的 CFD 软件，它具有丰富的物理模型、先进的数值方法和强大的前后处理功能，可用于流体、热传递和化学反应等研究领域。

FLUENT 求解的主要步骤如下：
1）根据要求选择二维或三维求解器，检查输入网格（本实验采用 Gambit 生成的网格）。
2）选择求解方程（层流或湍流、传热模型、化学组成或化学反应等）。
3）确定流体的材料物理性能。
4）确定边界的类型及其边界条件。
5）条件计算的控制参数。
6）流场初始化。
7）求解计算和进行后处理等。

有关 FLUENT 的使用请参见参考文献 [14]。

实验中采用 FLUENT 计算一个冷热水混合器的内部流动与热量交换问题，混合器的结构与参数见 21.1。

3. 实验步骤方法

1）选择求解器和网格导入与检查。启动 FLUENT 6 后，根据图 21-1 所示选择二维求解器；选择菜单命令"File"→"Read"→"Case"，导入 Gambit 中生成的网格文件"e：\ example \ mixer. msh"。

选择菜单命令"Grid"→"Check"检查网格，检查结果在信息反馈窗口中显示。选择菜单命令"Grid"→"Scale"，在弹出的对话框中选择"Grid Was Create in"为"cm"，选择长度单位为厘米，单击"Change Length Units"按钮、"Scale"按钮再关闭该对话框。选择菜单命令"Display"→"Grid"，在打开的对话框中单击"Display"按钮，显示网格。

2）建立求解模型。选择菜单命令"Define"→"Models"→"Solver"，选择求解器为默认值选项（即求解器用分离求解、隐式算法、二维空间、定常流动、绝对速度），单击"OK"按钮关闭该对话框。

选择菜单命令"Define"→"Models"→"Viscous"，打开"Viscous Model"对话框，选择"k - epsilon"湍流模型，按图 21-9 所示设置湍流模型对话框。

选择菜单命令"Define"→"Models"→"Energy",在打开的对话框中选中"Energy Equation"能量方程,单击"OK"按钮,关闭该对话框。

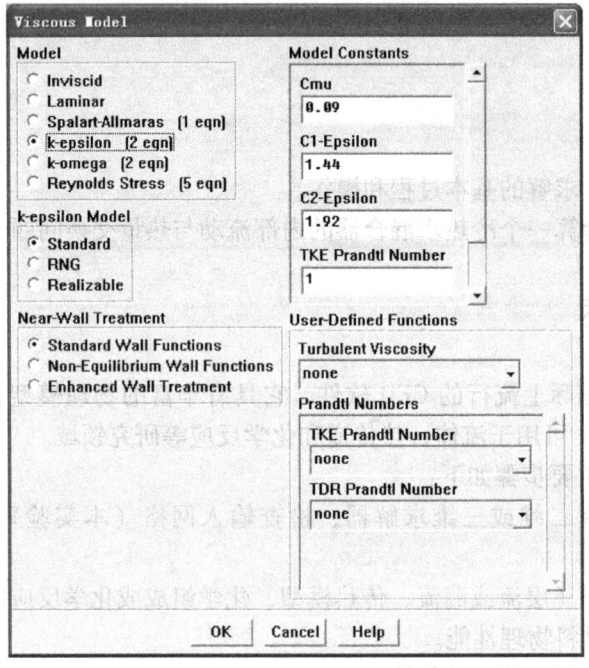

图 21-9　设置湍流模型对话框

3)设置流体物理属性。选择菜单命令"Define"→"Materials",弹出"Materials"对话框,在"Fluent Database"中选取数据库中的流体。实验选择"water – liquid(H2O)"后,显示出该流体的物理属性,单击"Copy"按钮,此时"Materials"对话框中已经显示出复制的流体的物理属性。单击"Change/Create"按钮,将流体材料设置为"water – liquid"。

4)设置边界条件。选择菜单命令"Define"→"Boundary Conditions",打开边界条件对话框,在对话框左侧和右侧栏中都选中"fluid",单击"Set"按钮,在流体对话框中将"Material Name"选择为"water – liquid",单击"OK"按钮。按图 21-10 所示设置速度入口的边界条件,同理设置另一个入口的边界条件。出口的边界条件选择默认值"outflow","wall"壁面边界条件保持默认值(热流量为 0)即可。

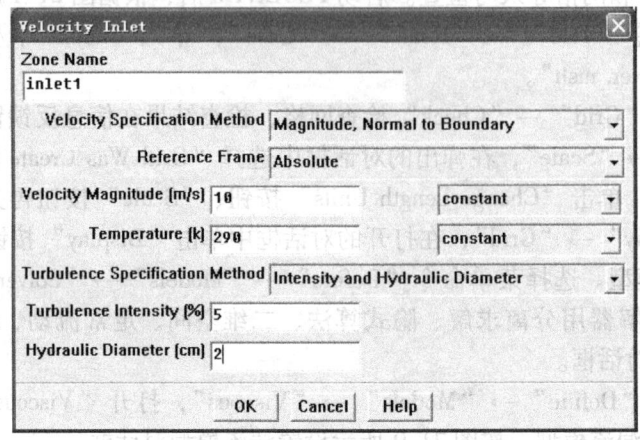

图 21-10　设置速度入口的边界条件

5）求解过程包括流场初始化、设置监视器和迭代计算等。选择菜单命令"Solver"→"Initialize：Initialize"初始化流场。通过设置监视窗口，对界面的物理量稳定状态进行监视。图 21-11 所示为计算过程中的监视窗口，可以看到在迭代计算约 150 次后，出口截面上物理量已经达到稳定状态。

6）显示计算结果。选择菜单命令"Display"→"Contours"，打开"Contours"对话框，在"Contours of"栏中选择"Temperature"，显示温度分布图，如图 21-12 所示。同理，可以显示压力分布图和速度分布图，如图 21-13 所示。

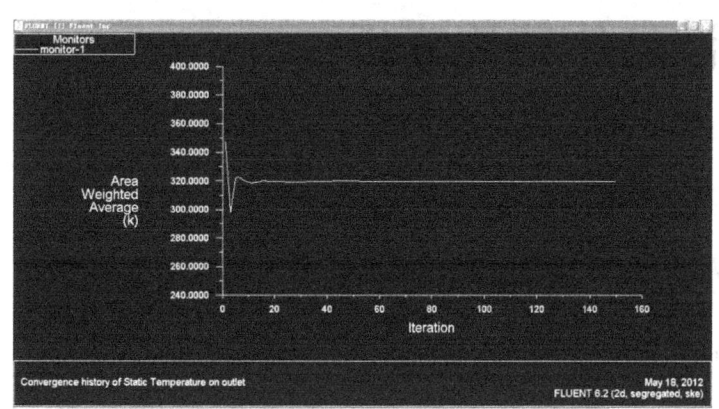
图 21-11　计算过程中的监视窗口

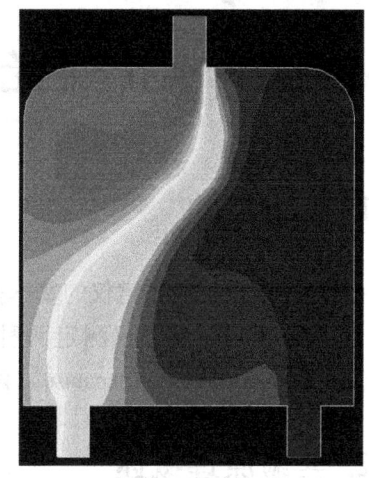
图 21-12　温度分布图

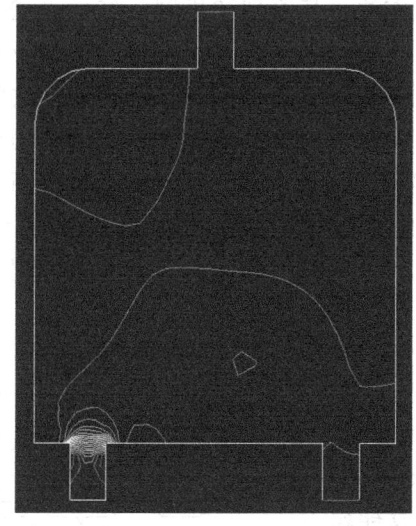
a)

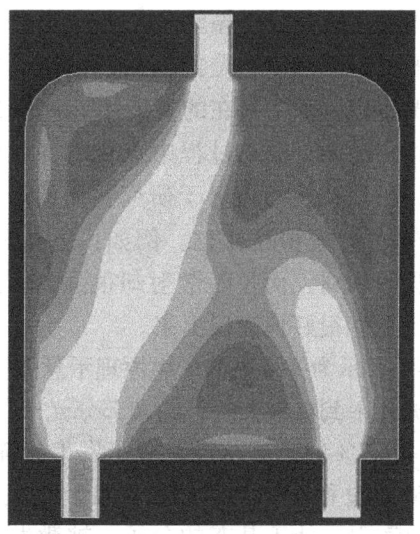
b)

图 21-13　压力分布图和速度分布图
a）压力分布图　b）速度分布图

4. 练习及思考题

按照同样的方法用 FLUENT 计算图 21-8 所示弯管模型的换热问题。

实验 22

拉曼光谱晶体结构分析

1. 实验目的

1）掌握拉曼光谱仪的基本操作方法，理解拉曼光谱测定材料结构的原理。
2）用拉曼光谱仪测定两种 TiO_2 样品的晶体结构类型，将样品图谱与 TiO_2 的金红石（Rutile）和锐钛矿（Anatase）两种结构的标准图谱进行比对，确定样品的结构类型。

2. 实验原理概述

拉曼光谱是研究分子振动的一种光谱分析方法，其原理和机制与红外光谱不同，但它们提供的材料结构信息是类似的，都是从材料分子内部各种简正振动频率及有关振动能级的情况鉴定分子中存在的官能团。拉曼光谱是分子极化率变化诱导的，它的谱线强度取决于相应的简正振动过程中极化率变化的大小。由于拉曼光谱对振动基团极化率的变化敏感，所以拉曼光谱对于研究物质的骨架特征最为有效。在分子结构分析中，拉曼光谱与红外光谱是相互补充。例如：电荷分布中心对称的键，如 C—C、N≡N、S—S 等，红外吸收很弱，而拉曼散射却很强，因此，一些在红外光谱仪上无法检测的信息在拉曼光谱仪上能很好地表现出来。

图 22-1 所示为拉曼光谱产生原理示意图。当一束频率为 ν_0 的激光入射到材料上时，绝大部分光子可以透过或者吸收。约有 0.1% 的光子与样品分子发生碰撞后向各个方向散射。碰撞过程有弹性散射——瑞利散射和非弹性散射——拉曼散射。处于基态的分子，被激发到高能级上，获得斯托克斯（Stockes）线；处于激发态上的分子，回到基态时，获得反斯托克斯（Anti-Stockes）线。由于处于基态分子的数目远远大于处于激发态分子的数目，所以斯托克斯线的强度比反斯托克斯线要强得多。瑞利散射只有入射光强度的 10^{-3}，而拉曼散射则只有 10^{-6}，所以只有强度足够大的光才能激发出较强的拉曼光谱。

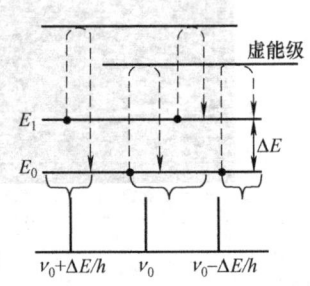

图 22-1 拉曼光谱产生原理示意图

3. 实验步骤方法

（1）实验仪器与步骤　拉曼光谱仪是测定分子振动光谱的仪器，用于有机化合物、无机化合物、高分子聚合物、生物膜及各种材料（如陶瓷、金刚石、纳米材料）的拉曼光谱分析、化学发光分析和荧光分析。

实验采用英国 Renishaw 公司的 RM2000 型显微共焦拉曼光谱仪。显微共焦拉曼光谱仪配置了不同激发波长的激光器，并有显微、自动扫描和变温等附件，可以对固体（粉末、晶体或薄膜）、液体样品直接测试，适用于各种块体材料、薄膜、生物膜的结构分析。

实验步骤包括：

1）制备样品，并固定在载玻片上，将载玻片置于载物台上。

2）选定目镜和物镜倍数。物镜倍数决定了打在样品上的光斑大小和显微镜的放大倍数。将光源置于白色照明状态；用肉眼观察，并调节手柄，使白光恰好照射在所要观测的样品上。

3）关上显微镜遮光盖，调至绿光状态。根据实验样品不同，事先查阅相关资料确定激光器种类。在计算机上切换至显微镜显示模式，此时显示屏上可见样品表面。用十字叉中心对准测试点。

4）调节各参数。本实验中选定拉曼位移为 $100 \sim 1000 \mathrm{cm}^{-1}$；激光发射强度有 100%、50%、25%、10%、1%（满功率为 4.7mW）五个档次，本实验中选择 1% 和 10% 两档。

5）数据采集。测得的两种样品的实验数据保存在文件"experiment data8.opj"中。

（2）实验结果　根据实验数据作图，得到两种样品的拉曼图谱，如图 22-2 所示。将图 22-2a 和图 22-2b 分别与锐钛矿结构和金红石结构的 TiO_2 标准拉曼图谱（图 22-3）进行比较，得出试样 1 和试样 2 分别为锐钛矿结构的 TiO_2 和金红石结构的 TiO_2。

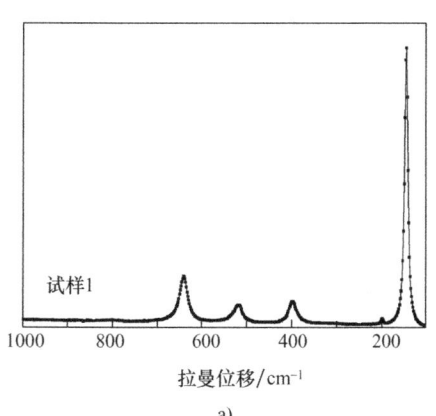

a)

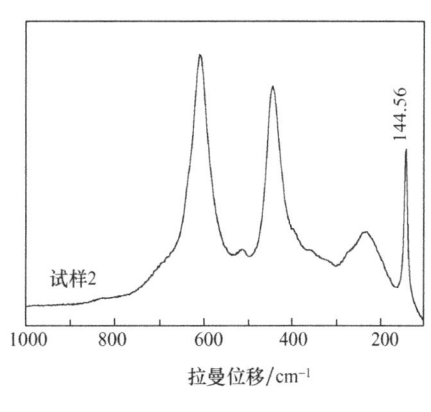

b)

图 22-2　试样的拉曼图谱

a) 试样 1 　b) 试样 2

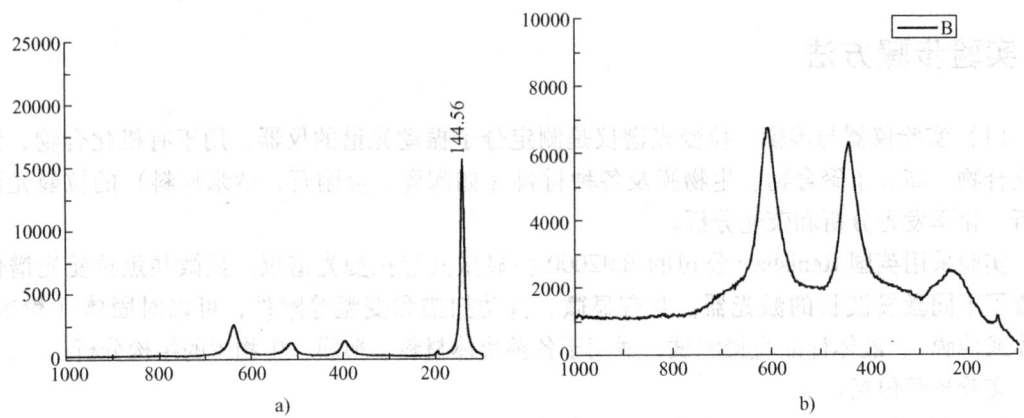

图 22-3 锐钛矿和金红石结构的 TiO_2 标准拉曼图谱
a) 锐钛矿 b) 金红石

4. 实验分析与思考

图 22-2b 中试样 2 在拉曼位移为 $144.56cm^{-1}$ 的位置上产生了一个较强的特征峰，而金红石结构的 TiO_2 不应在此位置存在如此强的特征峰。该峰恰好与图 22-3a 中锐钛矿结构 TiO_2 标准图谱最强的特征峰相同，因此可以认为试样 2 在制备过程中，由于参数选定欠佳或者条件控制不够精细等原因，导致最终产品中掺杂有锐钛矿结构的 TiO_2。

实验 23

红外光谱特征峰标识与基团分析

1. 实验目的

1）掌握红外光谱仪的原理和基本操作方法。

2）用红外光谱仪测定分子的红外光谱，对该光谱进行分析，确定光谱特征峰所对应的基团。

2. 实验原理概述

将一束不同波长的红外射线照射到物质的分子上，某些特定波长的红外射线被吸收，形成这一分子的红外吸收光谱。每一种分子都具有特定的红外吸收光谱，据此可以进行结构分析和鉴定。红外吸收光谱是由分子不停地作振动和转动运动而产生的，分子振动是指分子中各原子在平衡位置附近作相对运动，多原子分子可组成多种振动图形。当分子中各原子以同一频率、同一相位在平衡位置附近作简谐振动时，这种振动方式称为简正振动（例如伸缩振动和变角振动）。分子振动的能量与红外射线的光量子能量正好对应，因此当分子的振动状态改变时，就可以发射红外光谱，也可以因红外辐射激发分子振动而产生红外吸收光谱。

3. 实验步骤方法

1）打开 Origin 8.0 软件，将某物质的红外光谱数据文件"data.CSV"导入"Workbook"。单击工具栏中的 ∕ 图标，进行绘图，在 y 轴和 x 轴对话框中设置修改坐标轴参数，修改后的红外光谱图如图 23-1 所示。

2）红外峰值标注。选择菜单命令"Analysis"→"spectroscopy"→"baseline and peaks"，在弹出对话框的"Method"栏中选择"Auto create"；单击"next"按钮，在新出现对话框的"Base line type"栏中选择"Constant line"；单击"next"按钮，在弹出对话框的"Method"栏中选择"Local Max"；单击"next"按钮，进行设置，最后单击"finish"按钮，得到标注的红外峰值图，如图 23-2 所示。

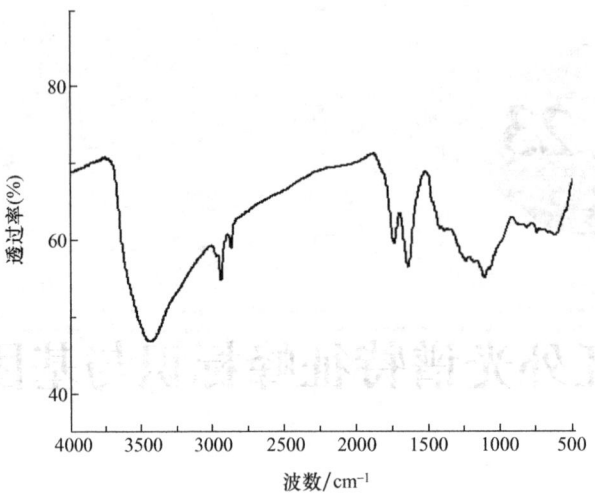

图 23-1　红外光谱图

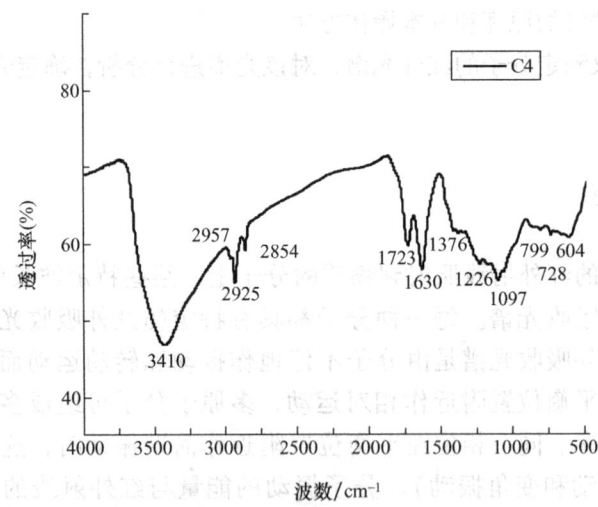

图 23-2　标注的红外峰值图

4. 实验分析与思考

结合前期实验基础和 XRD 分析，可知本实验样品中主要含有碳元素，再将图中各特征峰与标准图谱进行对照，判断各特征峰所对应的基团如下。

分子间氢键 O—H 伸缩振动为 $3500 \sim 3200 cm^{-1}$，则 $3410 cm^{-1}$ 为 O—H 伸缩振动。

C—H 伸缩振动为 $3000 \sim 2850 cm^{-1}$，则 $2957 cm^{-1}$、$2925 cm^{-1}$、$2854 cm^{-1}$ 均为 C—H 伸缩振动。

C＝C 伸缩振动为 $1675 \sim 1640 cm^{-1}$，则 $1630 cm^{-1}$ 为 C＝C 伸缩振动。

C＝O 伸缩振动为 $1750 \sim 1700 cm^{-1}$。

烯烃 C—H 面外弯曲振动为 $1000 \sim 675 cm^{-1}$。

综上所述，合成产品中主要含有 C＝C、C＝O、C—H、O—H 等官能团。

实验 24

太阳能选择性吸收涂层吸收率和发射率分析

1. 实验目的

1) 了解采用紫外-可见-近红外分光光度计和红外光谱仪测试太阳能选择性吸收涂层吸收率和发射率的方法。

2) 了解用测试数据作涂层在太阳光谱范围内的波长-反射率曲线和吸收率、发射率的计算方法。

2. 实验原理概述

根据基尔霍夫定律,在给定温度 T 时,一个实际物体的单色(波长为 λ)发射率与物体在同一温度下对同波长辐射的吸收率相等;而且所有表面的单色吸收率与单色发射率(ε)之比是相同的,即 $\alpha_{\lambda,T} = \varepsilon_{\lambda,T}$。显然,如果物体的温度不同,即使在相同的波长下,它的吸收率也不等于发射率,即

$$\alpha_{\lambda,T_1} \neq \varepsilon_{\lambda,T_2}$$

同理,温度相同时,对于不同的波长,物体的吸收率与发射率也不相等,即

$$\alpha_{\lambda_1,T} \neq \varepsilon_{\lambda_2,T}$$

上面两个式子就是光谱选择性吸收表面的工作原理。太阳近似为 6000K 的黑体,它辐射的主要波长范围是 $0.3 \sim 2.5\mu m$,实际物体(表面)在本身温度下辐射的波长主要集中在 $5 \sim 50\mu m$,因此,一个物体就有可能获得在 $0.3 \sim 2.5\mu m$ 波长范围高吸收、在 $5 \sim 50\mu m$ 波长范围低发射的选择性吸收表面。物体(表面)的吸收率 α 和发射率 ε 可通过式(24-1)和式(24-2)进行计算,即

$$\alpha = \frac{\int_{0.3}^{2.5}(1-R_s)E_s(\lambda)d\lambda}{\int_{0.3}^{2.5}E_s(\lambda)d\lambda} \tag{24-1}$$

$$\varepsilon = \frac{\int_{2.5}^{25}(1-R_s)E_s(\lambda)d\lambda}{\int_{2.5}^{25}E_s(\lambda)d\lambda} \tag{24-2}$$

式中，R_s 为待测样品的太阳光反射率；$E_s(\lambda)$ 为波长 λ 处的太阳辐射照度。

由式（24-1）和式（24-2）可知，测出待测样品的太阳光反射率 R_s，就可以计算出物体的吸收率和发射率。实际计算中，吸收率根据 GB/T 17683.1—1999 通过选点求和得到，发射率根据黑体辐射的公式进行计算，具体计算方法参见参考文献［15］。

3. 实验步骤方法

实验采用日本岛津公司的 UV3600 紫外 - 可见 - 近红外分光光度计及德国布鲁克（BRUKER）的 TENSOR27 红外光谱仪对用溶胶 - 凝胶法制备得到的太阳能选择性吸收涂层的吸收率和发射率进行测试。

（1）样品测试

1）用 UV3600 紫外 - 可见 - 近红外分光光度计测试涂层在 0.3～2.5μm 范围内的反射率。测得数据保存为数据文件"LG - 04 - 1.TXT"。

2）用 TENSOR27 红外光谱仪测试涂层在 2.5～25μm 范围内的反射率。测得数据保存为数据文件"LG - 04 - 1.DPT"。

（2）处理测试数据

1）启动 Origin 软件，选择菜单命令"File"→"Import"→"Import Wizard"，导入紫外 - 可见 - 近红外分光光度计测试数据文件"LG - 04 - 1.TXT"，如图 24-1a 所示。选择菜单命令"Column"→"Set Column Values"，用"col（A）/1000"公式将第 1 列波长单位纳米（nm）转换为微米（μm），此时波长范围为 0.3～2.5μm，如图 24-1b 所示。

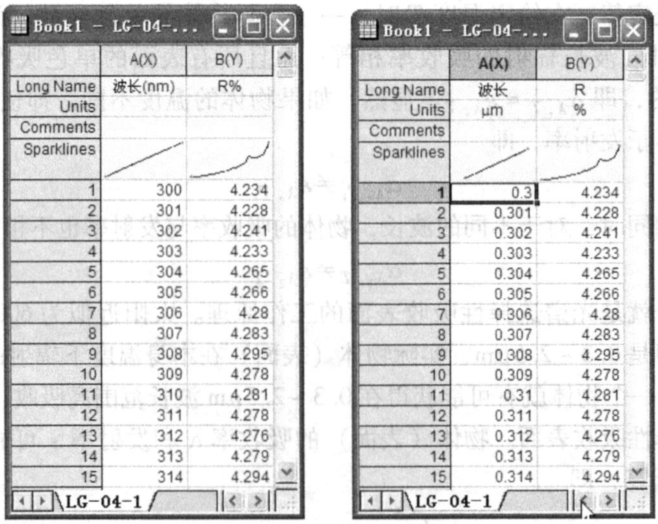

图 24-1　紫外 - 可见 - 近红外分光光度计测试数据

2）再新建一个工作簿，选择菜单命令"File"→"Import"→"Import Wizard"，导入红外光谱仪测试数据文件"LG - 04 - 1.DPT"，该数据第 1 列为波数，如图 24-2a 所示。根据波数与波长互为倒数的关系，选择菜单命令"Column"→"Set Column Values"，用"10000/col（A）"公式将第1列波数（cm^{-1}）转换为波长（μm），此时可以看到波长范围为2.5~25μm，同理用"col（B）*100"公式将反射率数值转换为百分数，得到的结果如图24-2b所示。

3）依据波长将转变后的两个工作簿中的数据合并，得到作图数据。其中表中第1列为波长，范围从0.3~25μm，第2列为反射率，如图24-3所示。

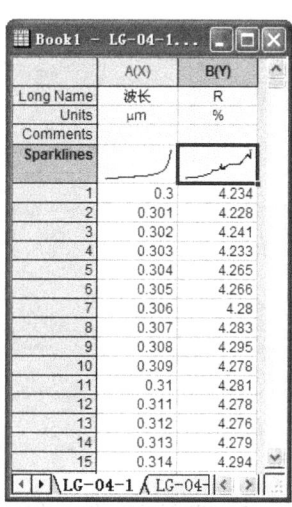

图24-2　红外光谱仪测试数据　　　　　　　图24-3　合并得到作图数据工作表

（3）根据实验数据作图

1）选中作图数据A、B两列，选择菜单命令"Plot"→"Line"作图，如图24-4a所示。

2）将x轴坐标改选为对数坐标，调整x轴和y轴坐标标尺。调整后的波长-反射率曲线如图24-4b所示。

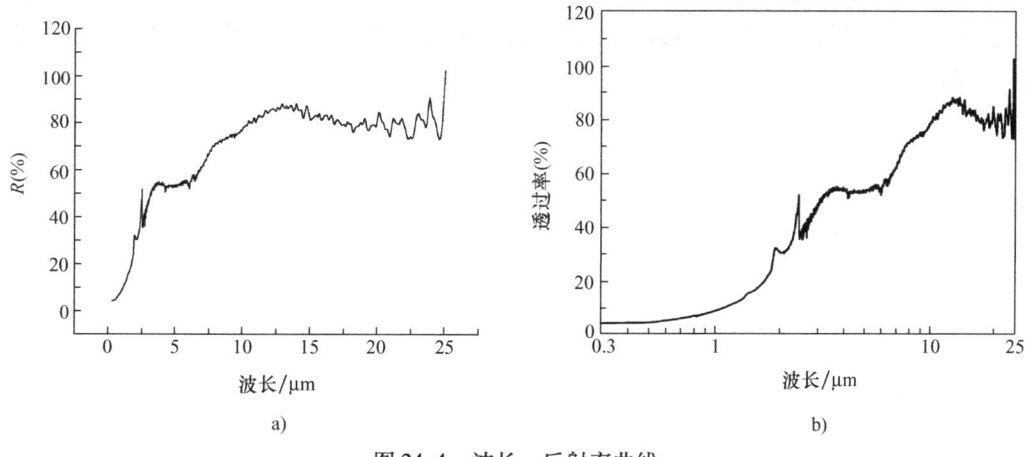

图24-4　波长-反射率曲线

(4) 吸收率计算 根据国家标准 GB/T 17683.1—1999，选取测试结果中 105 个波长处的数据计算吸收率。为此采用 Visual Basic 设计了计算程序"太阳能光谱吸收率计算程序"，通过该程序可方便地按国家标准筛选其中 105 个波长处的数据和计算材料的吸收率。图 24-5 所示为从计算程序导入紫外 - 可见 - 近红外分光光度计测试数据文件"LG - 04 - 1. TXT"，进行筛选的数据和计算吸收率为 0.908 的结果。

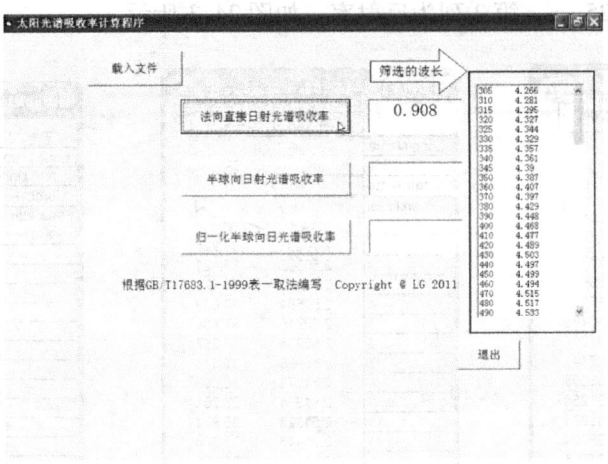

图 24-5 太阳能光谱吸收率计算程序界面

(5) 发射率计算 根据黑体辐射计算公式计算材料发射率。为方便计算，根据黑体辐射计算公式开发了"发射率计算模板"。根据"发射率计算模板"，采用"LG - 04 - 1. DPT"数据计算发射率结果为 0.225。有兴趣的同学可以查阅黑体辐射相关书籍，采用公式计算材料的发射率。

4. 练习及思考题

采用多弧离子镀方法制备了太阳能选择性吸收涂层。用紫外 - 可见 - 近红外分光光度计和红外光谱仪对涂层进行测量，得到测试数据文件"G44. TXT"和"G44. DPT"，请根据测试数据作涂层的波长 - 反射率曲线，计算吸收率和发射率（参考答案：吸收率/发射率 = 0.89/0.3）。

实验 25

材料 X 射线衍射物相标定数据分析

1. 实验目的

1）熟悉 X 射线衍射 MDI Jade 6 分析软件。
2）用 MDI Jade 6 软件进行物相定性分析。

2. 实验原理概述

在一定波长的 X 射线照射下，每种晶体物质都会产生自己特有的 X 射线衍射谱线，可以用各个衍射晶面间距 d 和衍射线的相对强度 I 来表征（其中 d 和 I 分别与物质的晶胞尺寸、种类和位置有关）。物相鉴定分析就是将由试样测得的 $d-I$ 数据组与已知结构物质的标准 $d-I$ 数据库（即标准衍射卡片）进行对比，鉴定试样中存在的物相。有关 X 射线衍射谱线特征等有关资料请参见参考文献［16］。

3. 实验步骤方法

由 X 射线衍射仪测试得到试样的衍射角度-强度原始数据列（*.txt 格式）；*.mdi 和 *.raw 格式的数据需转化成 *.txt 格式，或者设置读入文件的参数（详见中南大学黄继武编写的《MDI Jade 使用手册》）。采用 MDI Jade 6 软件进行 X 射线衍射物相标定数据分析的具体步骤如下。

（1）数据导入，检索条件设置　双击 MDI Jade 6 软件，进入主窗口。选择菜单命令"File"→"Patterns"，打开"EX_ 1.TXT" X 射线衍射谱线数据文件（该文件为可能含有 Zn、C、Na、Si、Al、Cl、O 等元素的物相的测试数据），得到该试样的 X 射线衍射图谱，如图 25-1 所示。

选择菜单命令"Identify"→"Search/Match Setup"，弹出检索条件设置对话框，在该对话框中选中多个 PDF 卡片的子库，去掉"Use Chemistry Filter"复选框中的"√"，在检索对象下拉列表框中选择主要相检索选项"S/M Focus on Major Phases"，设置好的对话框如图 25-2 所示。

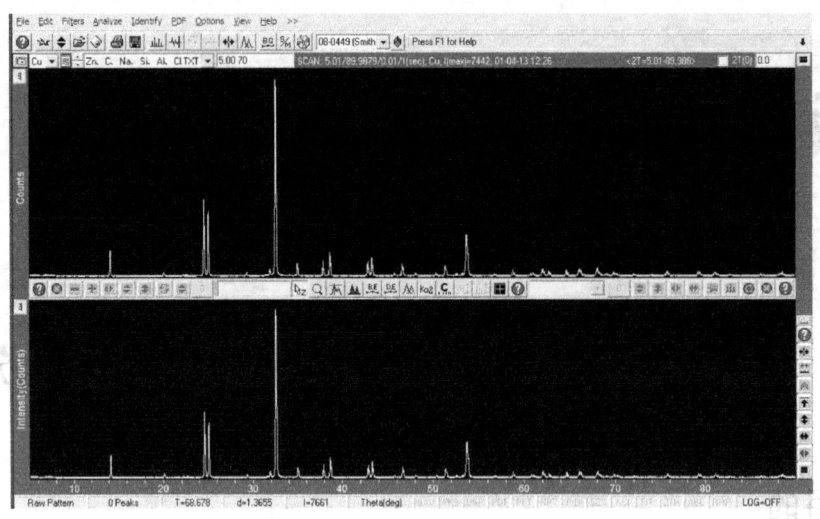

图 25-1　数据导入 MDI Jade 6 后的 X 射线衍射图谱

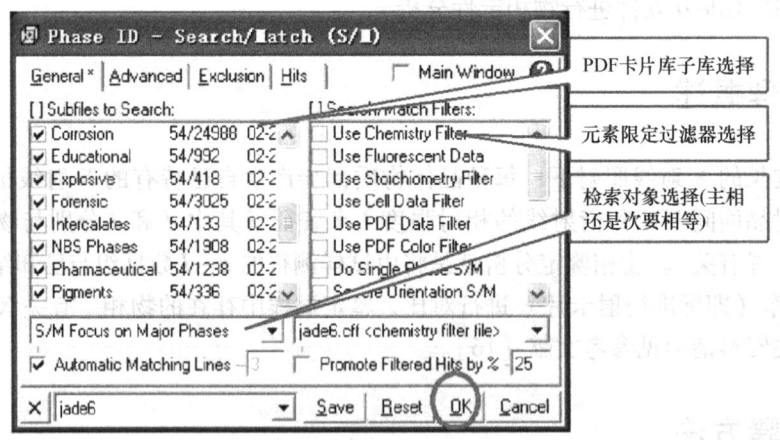

图 25-2　检索条件设置对话框

（2）物相初步检索　单击"OK"按钮，进入"Search/Match Display"窗口，得到物相初步检索结果，如图 25-3 所示。窗口下方是检索列表，从上至下按"FOM"栏数值由小到大的顺序列出最有可能的物相（"FOM"是匹配率的倒数，数值越小，表示匹配性越高）。使用这种方式，一般可检索出主要的物相，但不能检索出全部的物相，检索出来的物相可能与实际存在的物相有较大的偏差，仍需要其他实验进一步证实（例如用荧光或能谱分析样品中的元素及其大致含量）。从列表中勾选确定存在的物相，本组 X 射线衍射数据物相初步检索的主要物相是 $Na_8Al_6Si_6O_{24}C_{12}$，PDF 卡片号为 75-0709。

（3）限定条件物相检索　关闭物相初步检索结果窗口回到主窗口，在检索条件设置对话框中选择"Mineral"和"ICSD Minerals"两个子库，检索对象选择为次要相"S/M Focus on Minor Phases"和微量相"S/M Focus on Trace Phases"，选中"Use Chemistry Filter"复选框。在弹出的"Current Chemistry [Filter]"对话框中限定样品成分，根据样品中可能存在

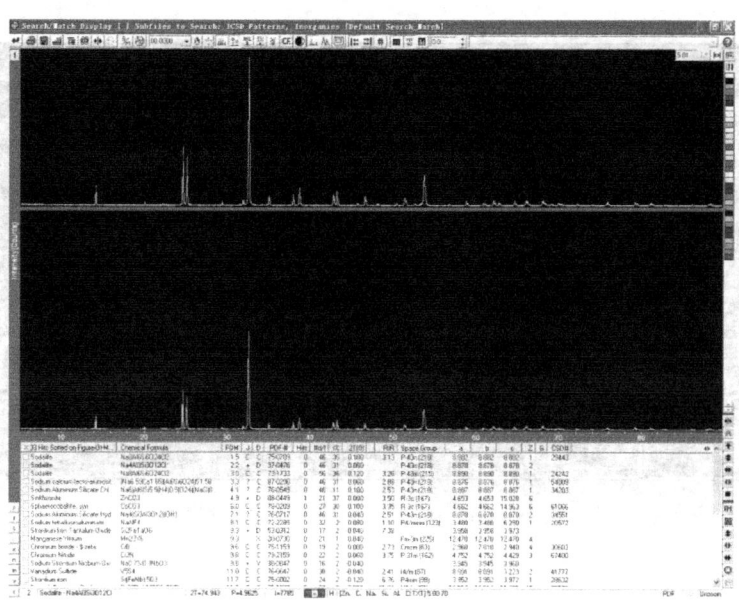

图 25-3　物相初步检索结果

的元素，选择"Possible"（可能）和"Required Elements"（一定存在）两种进行设置，设置好的"Current Chemistry [Filter]"对话框如图 25-4 所示。通过修改限定条件，会得出不同的检索结果，再根据专业知识，得出本组 X 射线衍射实验数据的次要相是 $ZnCO_3$，PDF 卡片号为 08-0449。限定元素后的检索结果如图 25-5 所示。

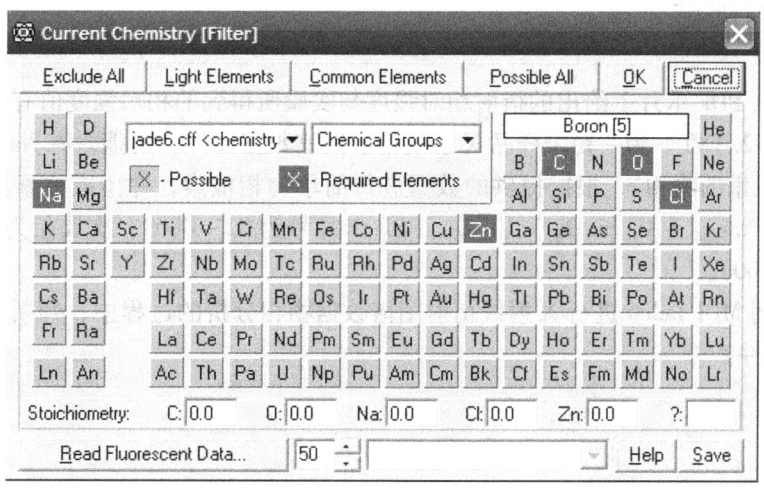

图 25-4　"Current Chemistry [Filter]"对话框

（4）物相检索结果　根据检索得出该样品主要相为 $Na_8Al_6Si_6O_{24}Cl_2$（PDF 卡片号为 75-0709），次要相为 $ZnCO_3$（PDF 卡片号为 08-0449）。

如经过上述两轮检索，尚有个别峰未被检索出物相匹配，则可采用单峰搜索法，即指定一个未被检索出的峰，在 PDF 卡片库中搜索在此处出现衍射峰的物相列表，然后从列表中

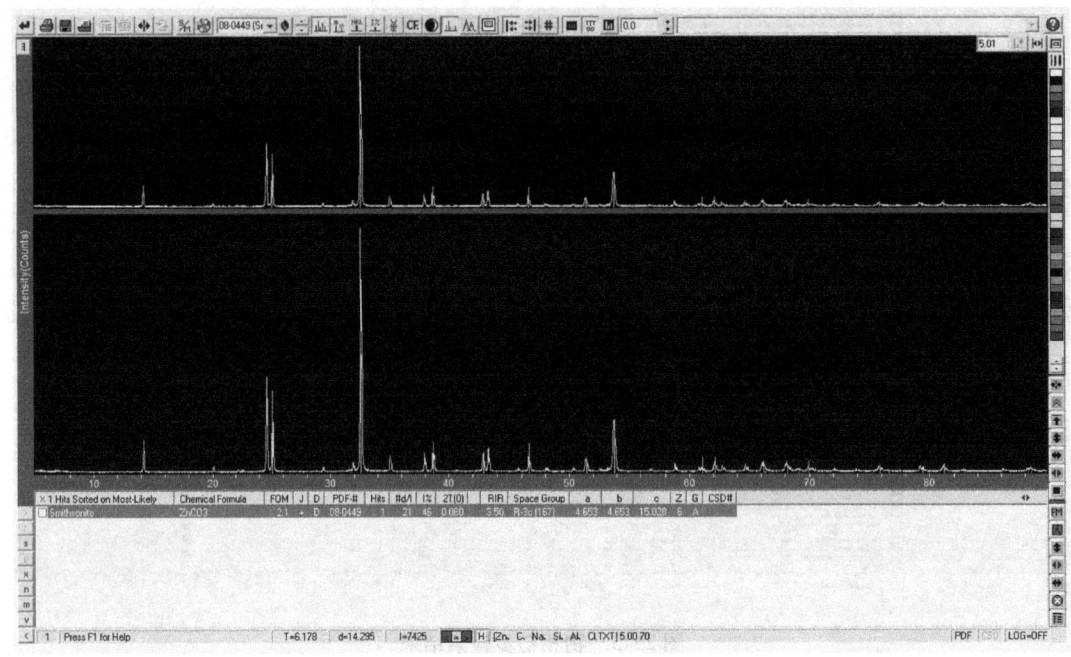

图 25-5 限定元素后的检索结果

检索出物相。最后根据专业知识、样品状态、化学组成甚至相图，结合其他分析测试方法的结果，分析出物相检索报告。

4. 练习及思考题

1) 为什么 PDF 卡片上给出的衍射相对强度与实验所得到的相对强度值有一定的差距？

2) "EX_ 2.TXT" 为一粉末样品 X 射线衍射图谱数据文件（可能含有 Na、Si、Al、Cl、Zn、S、O 等元素的物相），根据提供的数据进行简单物相检索，并生成检索报告（参考答案：主要相为 $Na_{7.84}$（$Al_6Si_6O_{24}$）$Cl_{1.86}$，PDF 卡片号为 82-0809；次要相为 ZnS，PDF 卡片号为 77-2100）。

3) 在利用 MDI Jade6 进行 X 射线衍射图谱数据物相分析的过程中，判断一个物相是否存在有哪些条件？

实验 26

析出转变动力学模型建立

1. 实验目的

1) 了解材料科学与工程中形核与长大相变过程中的相变动力学模型。
2) 利用合金时效过程中的电阻变化研究析出相变过程,建立相变动力学模型。

2. 实验原理概述

阿弗拉密(Avrami)方程是研究材料相变动力学的重要方程,研究在恒定温度下,整个转变过程中已完成转变部分的比率,研究其相变机理。在合金时效过程中,电阻变化较明显,材料的电阻对析出相的析出非常敏感,因此可以用合金时效过程中的电阻变化研究析出相变过程。当合金时效时,新相的变化率 f 可以定义为

$$f = \frac{V^{析出相}}{V^{析出相}_{平衡}} \tag{26-1}$$

式中,$V^{析出相}_{平衡}$ 为在某一时效温度下相变过程完成时新相达到平衡时的体积;$V^{析出相}$ 为某一时刻新相的体积。当时效达到平衡时,$V^{析出相} = V^{析出相}_{平衡}$,析出转变率 $f=1$;而未开始时效时,$V^{析出相}=0$,即 $f=0$。析出转变率遵循阿弗拉密方程,即

$$f = 1 - \exp(-bt^n) \tag{26-2}$$

式中,b、n 为常数,b 取决于相变温度、原始相成分和晶粒大小,n 取决于相变类型和形核位置,求出 b、n 就可以分析研究相变转变机制。

由实验可知合金的转变量与时间的关系为指数关系,电导率与时间的关系也为指数关系。时效刚开始时,合金的电导率为 σ_0,时效时间足够长时电导率为 σ_{max}。固溶体电阻 ρ_s 可以用式(26-3)表示为

$$\rho_s = \rho_0 + ap \tag{26-3}$$

式中,ρ_0 为溶剂的电阻率;α 为溶剂原子的摩尔分数;p 为1%溶质原子引起的电阻率。

由式(26-3)可知合金电阻与固溶原子的摩尔分数呈线性关系,因此可以认为合金的电导率与第二相的转变率 f 呈线性关系,即

$$\sigma = \sigma_0 + Af \tag{26-4}$$

将此方程定义为阿弗拉密电导率方程。测得其各个时刻的电导率就可以计算出相应时刻的新相转变率 f。对于 CuNiSiCr 合金，在 400～650℃时效 4～8h 时电导率增大幅度很小，故可以认为在该温度范围，时效 8h（480min）电导率达到最大值 σ_{max}，此时 $f=1$，$A = \sigma_{max} - \sigma_0$。由式（26-4）可以计算出合金在不同温度下的新相转变率。

3. 实验步骤方法

1）测得的固溶合金 500℃时效时析出相转变率与电导率的关系见表 26-1。

表 26-1　固溶合金 500℃时效时析出相转变率与电导率的关系

时间/s	0	120	360	600	900	1800	3600	7200	14400	28800
电导率（%IACS）	15.73	17.81	20.37	22.26	23.37	27.85	30.7	32.81	33.55	35.52
析出相转变率（%）	0	10.51	23.45	33.0	38.4	61.24	75.64	86.31	90.05	100

2）CuNiSiCr 合金相变动力学模型建立。求出 b 和 n，得出 $f = 1 - \exp(-bt^n)$ 即为该合金材料的相变动力学方程。取对数得

$$\lg\left(\ln\frac{1}{1-f}\right) = \lg b + n\lg t \tag{26-5}$$

将表 26-1 中的数据代入式（26-5），作 $\lg\left(\ln\frac{1}{1-f}\right) - \lg t$ 图，求出 n 和 $\lg b$，得到 500℃时效时的相变动力学模型为

$$f = 1 - \exp(-0.004 t^{0.7003}) \tag{26-6}$$

3）CuNiSiCr 合金相变电导率动力学模型建立。将式（26-6）代入式（26-4），得出该合金 500℃时效时的阿弗拉密电导率方程为

$$\sigma = 15.73 + 19.79[1 - \exp(-0.004 t^{0.7003})] \tag{26-7}$$

4. 练习及思考题

1）以陶瓷（Al_2O_3）和金属铝（质量分数为 6.5%）的复合粉末为原料，控制条件使铝氧化成为氧化铝，研究其反应结合生成氧化铝的动力学机理，建立数学模型。采用热分析仪测得的温度 - 失重数据见表 26-2。

表 26-2　热分析仪测得的温度 - 失重数据

温度/℃	60	380	400	440	480	520	560	600	640	680	720
失重（%）	-6.42	-6.21	-5.86	-5.37	-4.55	-2.41	-0.71	3.79	5.06	5.15	5.71
温度/℃	760	800	840	880	920	960	1000	1040	1080	1120	1160
失重（%）	6.09	6.65	6.88	6.99	7.41	7.62	8.98	9.51	9.72	9.78	10.48

用表 26-2 中的数据建立热失重曲线。根据资料可知反应结合生成氧化铝的动力学符合公式 $\ln(m_{loss}) = -\dfrac{E}{k}\dfrac{1000}{T} + k'$

式中，T 为温度（K）；k、k' 为反应常数；E 为反应激活能；m_{loss} 为失重（%）。

用作图法求出动力学公式中的反应常数和激活能。(提示:用 $\ln(m_{\text{loss}})$ 与 $\dfrac{1000}{T}$ 建立坐标系,求出斜率和截距;为方便坐标系建立,可先给失重加上一个数值,模型建立后再减去;根据各温度段反应机理不同,可以分段考虑建立模型。)

2) 为研究 GCr15 轴承钢再结晶规律,将 150mm×150mm 方坯试样加热至 1200℃ 保温 15min,选择在 1150℃、1100℃、1050℃、1000℃、950℃、900℃ 和 850℃ 温度下变形后淬火。然后将试样纵向剖开,经研磨、浸蚀后测得不同变形量的再结晶数据见表 26-3。试根据阿弗拉密方程研究该材料的再结晶动力学规律和建立不同温度下的阿弗拉密方程(答案见参考文献 [17])。

表 26-3 GCr15 钢不同变形量的再结晶质量分数 (%)

变形量(%)	变形温度/℃						
	1150	1100	1050	1000	950	900	850
10	4.17	1.82	0.78	1.56	0.52	0.52	0.52
20	10.42	8.59	4.95	4.95	3.65	0.78	0.78
30	22.92	18.23	15.89	11.98	8.07	1.82	1.80
50	64.06	54.95	44.27	35.16	29.95	25.78	22.66
60	88.28	80.99	78.39	75.00	70.05	64.84	59.90
70	93.75	90.30	88.80	86.07	86.72	85.94	84.11
80	94.27	92.97	92.71	92.45	93.23	—	—

实验 27

人工神经网络材料设计优化与建模

1. 实验目的

1) 了解 MATLAB 中的人工神经网络工具箱,初步掌握其使用方法。
2) 用 MATLAB 中的人工神经网络工具箱对材料组成与性能数据进行分析和建模。

2. 实验原理概述

人工神经网络(Artificial Neural Network,ANN)是模仿人脑结构和智能特点的一门非线性科学,其独特的自组织、自学习、快速处理、高度容错及很强的非线性函数逼近能力,使其成为处理非线性系统的有力工具。将 ANN 引入到材料设计过程中,可以充分发挥其自学习的特点。ANN 能充分学习已有材料的设计知识,掌握其内在规律,进而帮助设计新材料,不但可以加快材料设计的过程,还可以对未知材料系统进行初步预测,达到计算机辅助设计的目的。

ANN 中的 BP 模型是教师的学习模型,该模型必须以一定数量的实验样本作基础。模型将客观事物之间的因果关系抽象为数学意义上的输入、输出关系,而不考虑这种关系的本质规律。在应用时,模型首先按照自己的结构及规则计算由样本的输入值得到的预测输出值,再将该值与样本的实际输出值相比,得到一个误差信号,然后以该信号为反馈信息,沿减小误差的方向根据梯度下降算法重新调整网络结构,最后重新生成预测值、计算误差、调整网络结构,如此反复,直到误差满足给定的要求为止。此时,训练好的网络模型虽然不能从本质上揭示客观规律,但在数值关系上能够保证输入和输出关系符合实际结果,换言之,模型以自己的规则在一定范围内模拟了事物的客观规律,因此可用于实际的预测工作。实验采用 MathWorks 公司 MATLAB 7.0 中的人工神经网络来进行材料设计研究。MATLAB 7.0 提供了创建、训练、分析和应用神经网络的 M 文件函数,编写 M 文件来完成神经网络的设计。采用 MATLAB 7.0 中的人工神经网络工具箱,通过 GUI 来访问工具箱中的函数,采用图形交互界面,设计、训练、分析和应用神经网络。有关神经网络与 MATLAB 人工神经网络工具箱的相关知识请参考参考文献 [18]。

3. 实验步骤方法

(1) 实验数据和分析方案　采用人工神经网络研究 $R_2O - MO - Al_2O_3 - SiO_2$（R 表示碱金属，M 表示碱土金属）体系不同玻璃组分对材料热膨胀系数的影响，配方共有 29 种，试样经过加工后测得热膨胀系数，29 种玻璃组分和热膨胀系数数据见表 27-1[19]，该数据保存在数据文件中。采用人工神经网络研究的分析方案如图 27-1 所示。

表 27-1　29 种玻璃配方和热膨胀系数数据

序号	质量分数（%）							$\alpha/℃^{-1}$	数据类型
	SiO_2	MgO	CaO	SrO	BaO	Na_2O	K_2O		
1	65.00	1.30	1.50	2.00	7.40	8.60	7.00	76.00	训练
2	65.00	0.00	0.00	0.00	13.20	7.60	7.00	80.00	训练
3	65.00	0.00	13.20	0.00	0.00	7.60	7.00	80.50	预测
4	62.00	4.80	8.40	0.00	2.00	8.60	7.00	84.00	训练
5	62.00	0.00	2.00	0.00	13.20	8.60	7.00	81.00	训练
6	62.00	2.30	2.50	2.00	8.40	8.60	7.00	81.50	训练
7	60.00	5.00	9.20	0.00	2.00	8.60	8.00	85.10	预测
8	60.00	5.00	10.20	0.00	2.00	8.60	7.00	85.00	训练
9	60.00	5.00	10.20	0.00	2.00	12.00	3.60	83.46	训练
10	60.00	5.00	10.20	0.00	2.00	3.60	12.00	76.47	训练
11	56.00	4.80	12.40	2.00	2.00	8.60	7.00	86.00	预测
12	62.00	2.80	8.40	0.00	2.00	9.60	8.00	86.30	训练
13	62.00	4.80	6.40	0.00	2.00	9.60	8.00	86.30	训练
14	62.00	0.00	0.00	0.00	15.20	8.60	7.00	93.82	训练
15	62.00	4.80	8.40	0.00	0.00	9.60	8.00	93.51	预测
16	58.00	2.80	12.40	0.00	2.00	8.60	7.00	85.10	训练
17	62.00	4.30	2.50	2.00	8.40	7.60	6.00	79.66	训练
18	62.00	3.30	2.50	2.00	8.40	8.10	6.50	80.60	训练
19	62.00	1.30	2.50	2.00	8.40	9.10	7.50	83.48	预测
20	60.00	5.00	10.20	0.00	2.00	6.60	9.00	88.95	训练
21	60.00	5.00	10.20	0.00	2.00	10.60	5.00	82.70	训练
22	60.00	5.00	10.20	0.00	0.00	0.00	15.60	79.30	训练
23	60.00	5.00	10.20	0.00	2.00	15.60	0.00	87.50	预测
24	62.00	15.20	0.00	0.00	0.00	8.60	7.00	81.40	训练
25	62.00	0.00	15.20	0.00	0.00	8.60	7.00	86.41	训练
26	62.00	0.00	0.00	15.20	0.00	8.60	7.00	89.71	训练
27	60.00	5.00	10.20	0.00	2.00	2.60	13.00	80.24	预测
28	60.00	5.00	10.20	0.00	2.00	4.60	11.00	84.18	训练
29	60.00	5.00	10.20	0.00	2.00	5.60	10.00	78.52	训练

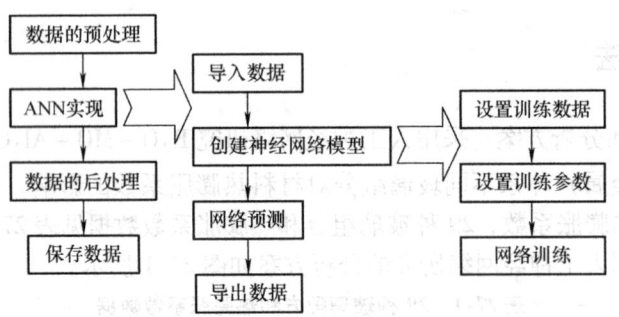

图 27-1 采用人工神经网络研究的分析方案

（2）实验数据的预处理　随机选择表 27-1 中序号为 3、7、11、15、19、23 和 27 的 7 组数据为预测数据，其余 22 组数据为训练数据。用 Excel 将实验数据中的训练数据和预测数据进行归一化预处理。按式（27-1）可将数据归一化至 0~1 区间，即

$$X = \frac{0.8}{x_{\max} - x_{\min}}(x - x_{\min}) + 0.1 \tag{27-1}$$

式中，x 为样本数据；X 为归一化处理后的数据；$x_{\max}$ 为样本数据中的最大值；$x_{\min}$ 为样本数据中的最小值。

经过归一化处理后的数据见表 27-2。

表 27-2　29 种玻璃配方和热膨胀系数经过归一化处理后的数据

序号	质量分数（%）							$\alpha/℃^{-1}$	数据类型
	SiO_2	MgO	CaO	SrO	BaO	Na_2O	K_2O		
1	0.9	0.17	0.18	0.21	0.49	0.54	0.46	0.1	训练
2	0.9	0.1	0.1	0.1	0.79	0.49	0.46	0.28	训练
4	0.63	0.35	0.54	0.1	0.21	0.54	0.46	0.46	训练
5	0.63	0.1	0.21	0.1	0.79	0.54	0.46	0.32	训练
6	0.63	0.22	0.23	0.21	0.54	0.54	0.46	0.35	训练
8	0.46	0.36	0.64	0.1	0.21	0.54	0.46	0.5	训练
9	0.46	0.36	0.64	0.1	0.21	0.72	0.28	0.43	训练
10	0.46	0.36	0.64	0.1	0.21	0.28	0.72	0.12	训练
12	0.63	0.25	0.54	0.1	0.21	0.59	0.51	0.56	训练
13	0.63	0.35	0.44	0.1	0.21	0.59	0.51	0.56	训练
14	0.63	0.1	0.1	0.1	0.9	0.54	0.46	0.9	训练
16	0.28	0.25	0.75	0.21	0.21	0.54	0.46	0.51	训练
17	0.63	0.33	0.23	0.21	0.54	0.49	0.41	0.26	训练
18	0.63	0.27	0.23	0.21	0.54	0.52	0.43	0.31	训练
20	0.46	0.36	0.1	0.1	0.1	0.1	0.56	0.68	训练
21	0.46	0.36	0.64	0.1	0.21	0.64	0.36	0.4	训练
22	0.46	0.36	0.64	0.1	0.1	0.1	0.9	0.25	训练
24	0.63	0.9	0.1	0.1	0.1	0.54	0.46	0.34	训练

(续)

序号	质量分数（%）							α/℃⁻¹	数据类型
	SiO₂	MgO	CaO	SrO	BaO	Na₂O	K₂O		
25	0.63	0.1	0.9	0.1	0.1	0.54	0.46	0.57	训练
26	0.63	0.1	0.1	0.9	0.1	0.54	0.46	0.72	训练
28	0.46	0.36	0.64	0.1	0.21	0.34	0.66	0.47	训练
29	0.46	0.36	0.64	0.1	0.21	0.39	0.61	0.21	训练
3	0.9	0.1	0.79	0.1	0.1	0.49	0.46	0.3	预测
7	0.46	0.36	0.58	0.1	0.21	0.54	0.51	0.51	预测
11	0.1	0.35	0.75	0.21	0.21	0.54	0.46	0.55	预测
15	0.63	0.35	0.54	0.1	0.1	0.59	0.51	0.89	预测
19	0.63	0.17	0.23	0.21	0.54	0.57	0.48	0.44	预测
23	0.46	0.36	0.64	0.1	0.21	0.9	0.1	0.62	预测
27	0.46	0.36	0.64	0.1	0.21	0.23	0.77	0.29	预测

（3）实验数据的 ANN 分析　将归一化处理后的数据导入 MATLAB，运用 MATLAB 的矩阵处理功能将数据整理成适用于人工神经网络分析的数据文件（ANN – DATA. mat）。其中 data 数组为归一化处理后的数据，px1 和 pf2 数组分别为训练输入数据和仿真输入数据；tx1 和 tf2 数组分别为训练输出数据和仿真输出数据。

1）采用 M 文件函数的 ANN 分析。在 MATLAB 命令框输入：

network1 = newff（[0.1 0.9; 0.1 0.9; 0.1 0.9; 0.1 0.9; 0.1 0.9; 0.1 0.9; 0.1 0.9]，[11 1]，{'logsig' 'logsig'}，'trainlm'）;% 创建名为"network1"的网络模型，设置模型的各个参数

tv. P = px1;% 设置模型测试数据的输入

tv. T = tx1;% 设置模型测试数据的输出

[network1，tr] = train（network1，px1，tx1，[]，[]，[]，tv）;% 对 network1 进行训练

network1_ simoutputs = sim（network1，pf2）;% 对 network1 进行仿真预测

tnfz = 76 + network1_ simoutputs * （93.82 – 76）;% 反归一化 network1_ simoutputs

syfz = 76 + tf2 * （93.82 – 76）;% 反归一化实验仿真数据

tnfz　　% 显示仿真预测结果

按"Enter"键后，MATLAB 将运行命令，显示 ANN 分析训练结果如图 27-2 所示。从训练结果看，训练集误差小，网络模型对样本数据的训练效果较好。命令运行结束后，在"Workspace"中生成仿真预测的数据，保存数据文件于"附件\（4 – 1）lxd. mat"。

2）采用神经网络工具箱进行 ANN 分析。

① 网络的建立。在 MATLAB 命令框输入"nntool"命令，打开神经网络工具箱（Neural Network Toolbox），单击"Import"按钮将 px1 和 pf2 数组导入为输入数据，将 tx1 和 tf2 数组导入为目标数据。导入数据后"Network/Data Manager"窗口如图 27-3 所示。

单击"New Network"按钮打开"Create New Network"对话框，进行网络模型设计。建

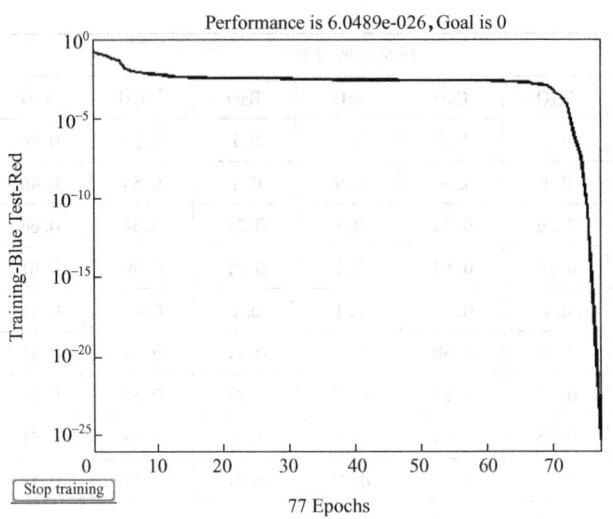

图 27-2　ANN 分析训练结果

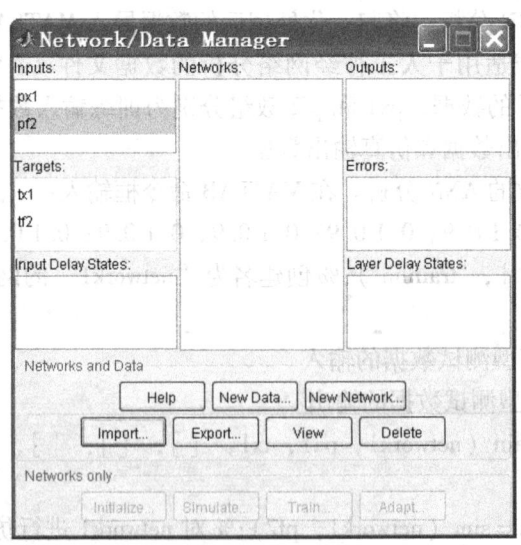

图 27-3　导入数据后 "Network/Data Manager" 窗口

立一个七个输入变量（SiO_2、MgO、CaO、SrO、BaO、Na_2O 和 K_2O 的质量分数），一个输出变量（α），三层结构神经元个数分别为 7、11、1 的 BP 网络。其中学习规则为 "TRAIN-LM"，输入层和隐层之间的传递函数为 "LOGSIG"，隐层和输出层之间的传递函数为 "LOGSIG"，样本范围 "Get from input" 选择 "pxl"，设置好网络模型的 "Create New Network" 对话框如图 27-4 所示。单击 "Create" 按钮创建网络，在 "Network/Data Manager" 窗口可看见刚创建的网络名称，选中网络，单击 "View" 按钮可查看刚设置好的 BP 网络模型结构，如图 27-5 所示。

单击图 27-5 所示窗口中的 "Train" 选项卡，打开 "Network：network1" 窗口中的训练工作界面，在 "Training Info" 选项卡中设置 "Inputs" 为 "px1"，"Targets" 为 "tx1"，在

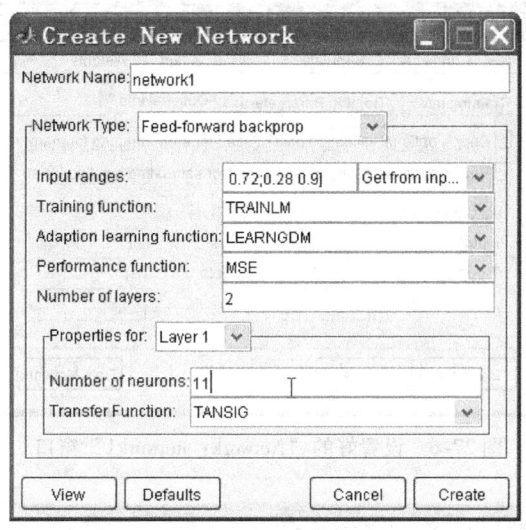

图 27-4 设置好网络模型的 "Create New Network" 对话框

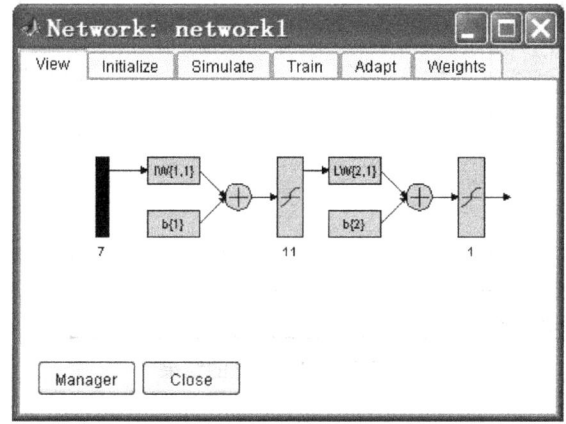

图 27-5 设置好的 BP 网络模型结构

"Training Parameters"选项卡中的设置选择默认值,在"Optional Info"选项卡中设置"Inputs"为"px1","Targets"为"tx1"。设置好的"Network:network1"窗口如图 27-6 所示。

单击"Train Network"按钮,对模型进行初次训练。初次训练的结果如图 27-7 所示。训练的实质是不断调整权值以提高网络模型的精度,初次训练的初始权值是随机生成的,之后的每一次训练都需要重新设置权值。在"Initialize"选项卡中单击"Initialize Weights"重新初始化权值,再在"Train"选项卡中单击"Train Network"进行下一次训练,如此反复即可完成多次训练,通过对比每次训练生成的均方误差性能即可选择出精度较高的网络模型。影响模型精度的因素有很多,有时调整了的权值可能引起训练陷入局部误差,函数不能正常收敛,因此多次训练对于生成高精度的模型是很有必要的。

② 网络的模拟预测。单击"Simulate"选项卡,在"Inputs"下拉列表框选择输入数据

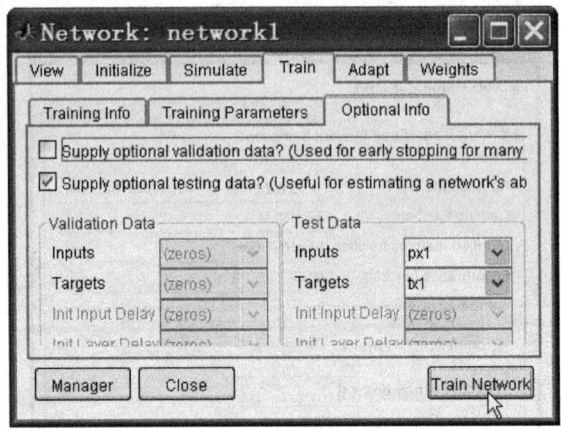

图 27-6　设置好的"Network：network1"窗口

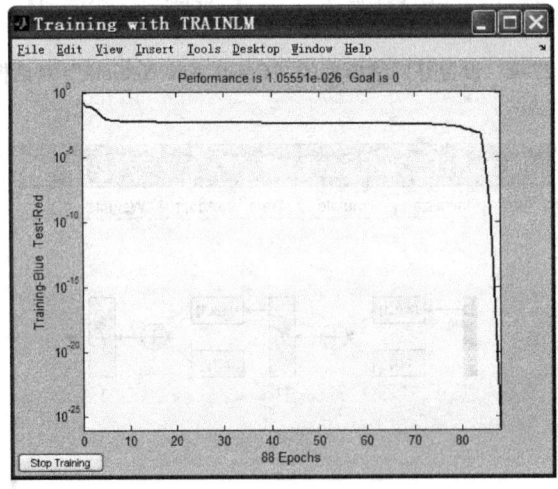

图 27-7　初次训练的结果

为"pf2"，设置仿真输出数据名称为"network1_simoutputs"，单击"Simulate Network"按钮进行网络模拟预测。图 27-8 所示为"Simulate"选项卡的设置。

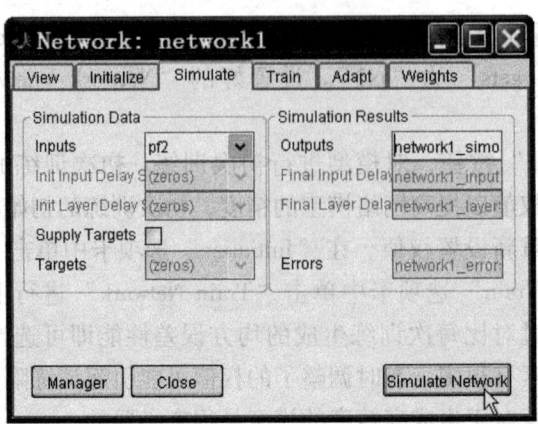

图 27-8　"Simulate"选项卡的设置

③ 模拟预测数据导出。模拟预测完成后在"Network/Data Manager"窗口可看见模拟预测数据"network1_ simoutputs",双击可查看仿真输出数据,如图 27-9 所示。单击"Export"按钮可导出数据至 MATLAB 的"Workspace"。

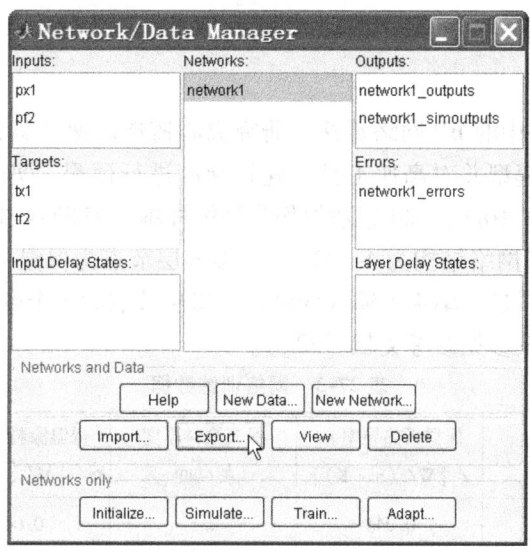

图 27-9 "Network/Data Manager"窗口

(4) 实验数据的后处理　此时得到的数据还应按式(27-2)进行反归一化处理,即

$$x = x_{\min} + \frac{(X - 0.1)(x_{\max} - x_{\min})}{0.8} \quad (27\text{-}2)$$

将反归一化处理后的预测数据和实验数据进行对比,求出相对误差并绘出折线图。图 27-10 所示为 7 组数据的预测值与实验值对比曲线。

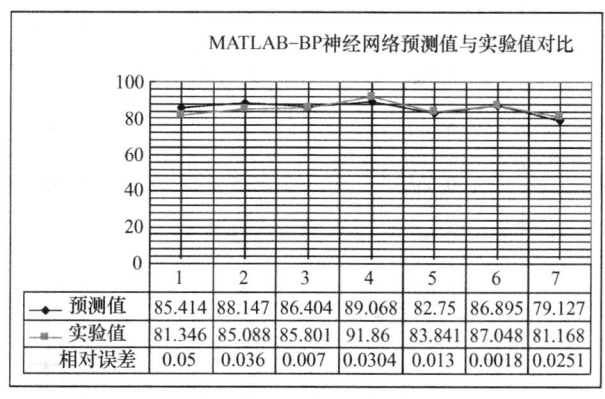

图 27-10　7 组数据的预测值与实验值对比曲线

(5) 预测数据分析　运用 MATLAB 7.0 的神经网络工具箱建立 BP 模型进行预测得到的预测值与实验值的相对误差最大为 5.00%,最小为 0.18%,说明根据玻璃中各组分的含量关系能够很好地预测玻璃的热膨胀系数。采用 MATLAB 7.0 的神经网络工具箱实现神经网络

的建立、训练及仿真,简单、容易理解,但其不能直接支持数据归一化和绘图功能,而且步骤繁多的选择操作既费时又容易出错,各选项往往只提供常用参数供选择;而编写 M 文件的方法步骤简单,但要求具有一定的编程能力。

4. 练习及思考题

1) 用人工神经网络中的 BP 网络算法,研究离心铸造高速工具钢轧辊的热处理工艺与性能的关系,建立网络模型并对高速工具钢轧辊硬度进行预测。实际生产的实验数据见表 27-3 和表 27-4。表 27-3 中的 1~20 组数据作为训练样本,表 27-4 中的 21~25 组数据作为检验样本。(提示:选择网络结构为 4-11-1。输入层节点为保温板厚度、保温板热导率、保温涂料厚度和保温涂料热导率 4 个输入变量,输出层节点为 1 个变量,即输出变量目标值轧辊内层硬度。参考答案参见参考文献 [20])。

表 27-3 网络训练数据

序号	保温板厚度 h_1/mm	保温板热导率 κ_1 / [W/(m·K)]	保温涂料厚度 h_2/mm	保温涂料热导率 κ_2/ [W/(m·K)]	内层硬度 HRC
1	12	0.044	2.5	0.046	38.3
2	21	0.044	2.5	0.046	35.7
3	12	0.065	2.5	0.046	39.4
4	21	0.065	2.5	0.046	37.3
5	15	0.044	1	0.046	38.2
6	15	0.044	4	0.046	37.5
7	15	0.044	5.5	0.046	34.8
8	15	0.065	4	0.046	36.8
9	15	0.065	5.5	0.046	35.9
10	21	0.044	2.5	0.062	39.9
11	21	0.065	5.5	0.062	39.1
12	21	0.044	5.5	0.046	33.6
13	21	0.044	4	0.046	35.1
14	15	0.12	2.5	0.046	43.9
15	18	0.12	2.5	0.046	42.4
16	15	0.12	4	0.046	41.6
17	18	0.12	2.5	0.046	43.8
18	15	0.065	1	0.046	43
19	12	0.044	2.5	0.062	43.8
20	15	0.044	2.5	0.062	42.5

表27-4 网络检验数据

序号	保温板厚度 h_1/mm	保温板热导率 κ_1/[W/(m·K)]	保温涂料厚度 h_2/mm	保温涂料热导率 κ_2/[W/(m·K)]	内层硬度 HRC
21	18	0.044	2.5	0.062	42.7
22	12	0.065	2.5	0.062	45.3
23	15	0.065	2.5	0.062	43.7
24	12	0.120	1.0	0.062	49.7

2) 在剑桥大学本科课程教学网站上（http://www.msm.cam.ac.uk/phase-trans/teaching.html#MP9）下载"Examples Class 1"说明文件（MP9.EX1.pdf）、"Data"数据文件（MP9_EX1.txt）和"Answers"答案文件（harsha4.pdf），采用人工神经网络进行分析并与答案文件中的数据进行对比。

3) 采用MATLAB中的BP人工神经网络，以铝青铜的化学成分作为输入参数，以其抗拉强度R_m、屈服强度R_{eL}和伸长率A作为输出参数，建立铝青铜的人工神经网络力学性能预测模型。[134组铝青铜的化学成分与力学性能实验数据文件（data_file1.xls）及参考答案参见参考文献[21]。]

实验 28

用 LabVIEW 设计淬火冷却介质冷却特性测试系统

1. 实验目的

1) 熟悉 LabVIEW 软件图形化编程环境和 PCI M 系列多功能数据采集卡。
2) 了解材料测试系统数据采集、预处理、标度转换、数据处理的计算机实现。

2. 实验原理概述

LabVIEW（Laboratory Virtual Instrument Engineering Workbench）提供一种图形化的编程语言的开发环境，被工业界、学术界和研究实验室所广泛接受，视为一个标准的数据采集和仪器控制软件。

LabVIEW 集成了与满足 GPIB、VXI、RS – 232 和 RS – 485 协议的硬件及数据采集卡通信的全部功能，利用它可以方便建立自己的虚拟仪器，使用 LabVIEW 可实现便捷控制检测和测量设备。有关 LabVIEW 软件的详细内容请参见参考文献 [22]。

本实验采用 LabVIEW 7.0 软件和美国国家仪器（NI）有限公司的 M – PCI 6221 数据采集卡通过软件与硬件的结合在计算机上搭建了一个检测材料淬火冷却介质冷却性能的平台，用于材料淬火冷却介质冷却性能的测试。该实验内容发表在参考文献 [23] 上，并获得了美国国家仪器有限公司 2005 年全国大学生毕业设计论文竞赛二等奖。

实验装置示意图如图 28-1 所示。测试时将带有热电偶的实验探头在上下通透的已加热至淬火温度的管式电炉中保温后，投入被测的介质中，采用 M – PCI 6221 数据采集卡（插在的计算机内的 PCI 插槽中）记录热电偶电势随时间的变化数据，而后对采样的数据进行计算机处理。

淬火冷却介质冷却特性测试系统框图如图 28-2 所示。在硬件设计上，采用两通道数据采集，分别采集试样中心温度和环境温度，实现 K 型热电偶动态冷端补偿；同时通过设计具有信号线性放大、消除干扰功能的信号调理电路获得准确、稳定的电压信号。

在软件设计上，在图形化编程环境 LabVIEW 平台上开发，采用功能模块化设计，实现数据采集、预处理、标度转换、数据处理、结果实时显示和保存，软件系统部分界面友好、操作简单方便。同时，对热电偶电压信号从软件数字滤波上消除干扰。

实验 28　用 LabVIEW 设计淬火冷却介质冷却特性测试系统

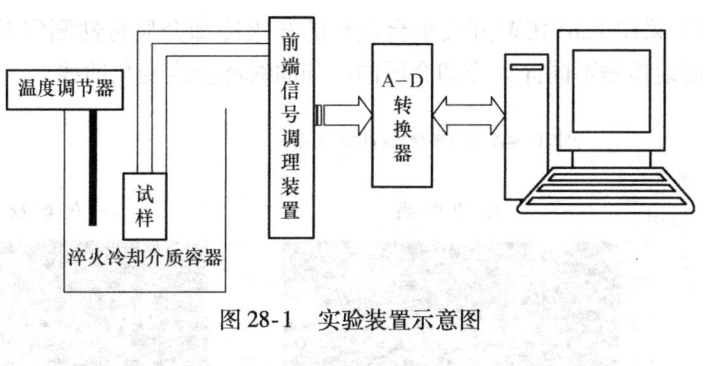

图 28-1　实验装置示意图

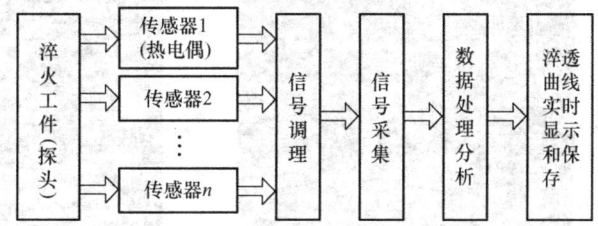

图 28-2　淬火冷却介质冷却特性测试系统框图

3. 实验步骤方法

（1）硬件方面　在 NI – DAQmx 数据采集卡上设置 0 通道和 1 通道采集热电偶（K 型）的毫伏级电压信号。由于存在淬火冷却速率极快、环境恶劣、干扰信号大的工作特点，因此在热电偶与数据采集卡之间增加了调理电路。此外还对系统中 I/O 设备与现场的连线用同轴电缆进行保护，且合理敷设，并在输入线与地之间并接电容（即滤波器）以减少共模干扰。

（2）软件方面　软件开发是在 LabVIEW 开发平台上实现的。在 LabVIEW 开发平台上设计和实现了具有数据采集、处理、显示和保存等功能的模块，实验装置完整的软件结构如图 28-3 所示。

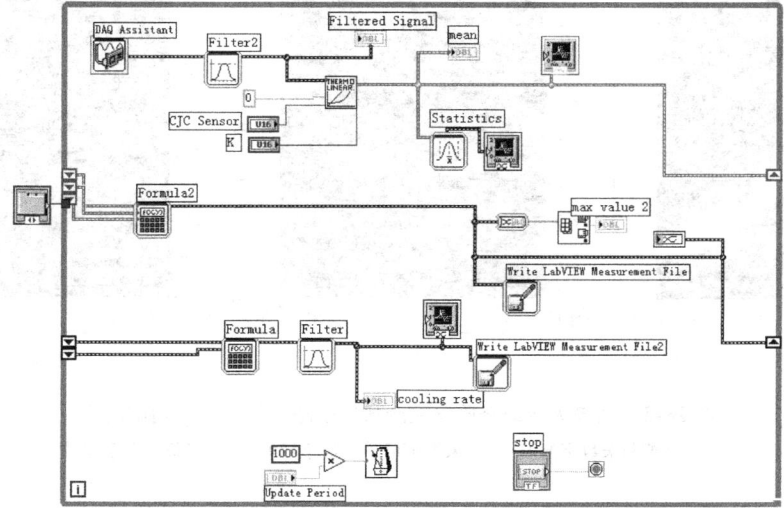

图 28-3　实验装置完整的软件结构

图 28-4 所示为采用 LabVIEW 开发平台设计的淬火冷却介质特性测定系统的测试窗口。在该窗口中能方便地检测不同淬火冷却介质的冷却曲线和温度变化曲线。

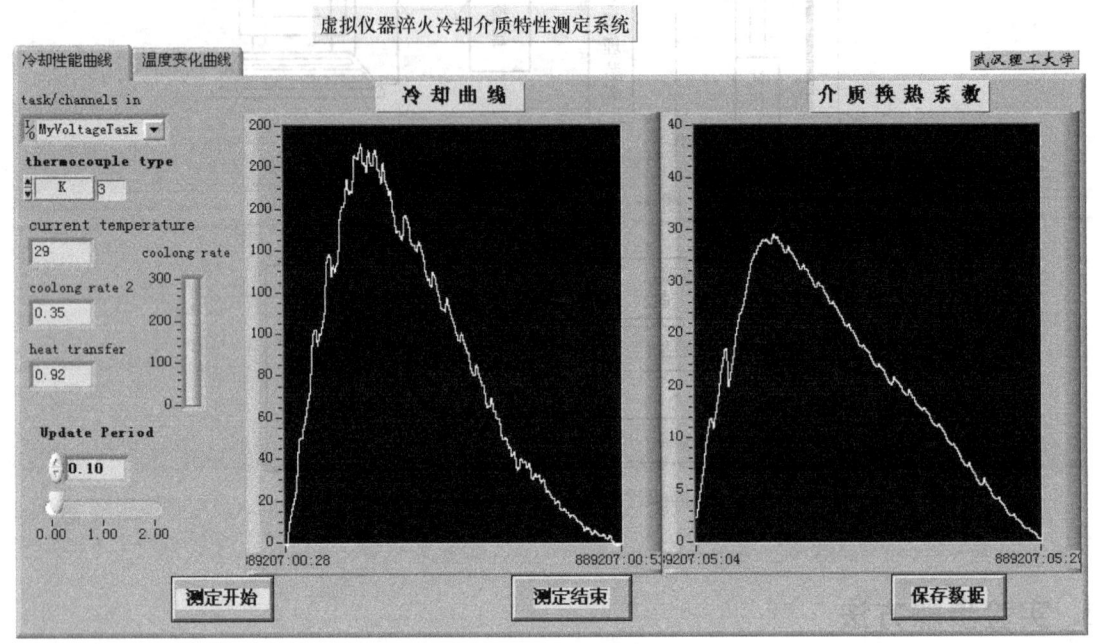

图 28-4　淬火冷却介质特性测定系统的测试窗口

（3）实际测试　在未屏蔽和未数字滤波、未屏蔽但采用数字滤波以及屏蔽和数字滤波的情况下，采用该测试系统对某淬火冷却介质进行测试，淬火冷却温度随时间变化的测试曲线如图 28-5 所示。实际测试结果表明该系统工作正常，测试精度满足了设计要求。

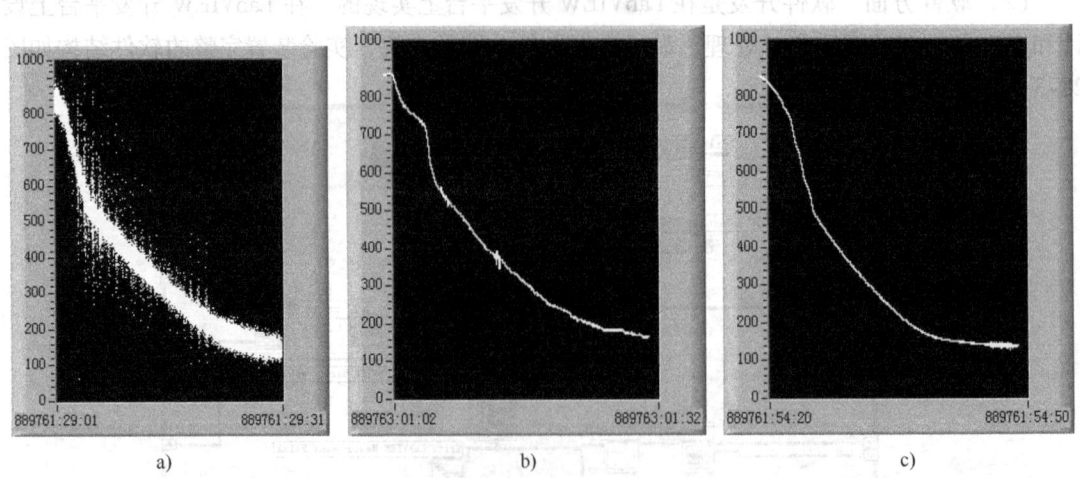

图 28-5　某淬火冷却介质淬火冷却温度随时间变化的测试曲线
a）未屏蔽和未数字滤波　b）未屏蔽但采用数字滤波　c）屏蔽和数字滤波

为便于对系统进行验证和结合生产实际情况，分别配制体积分数为 5%、10% 和 15% 的盐水 1000mL 作为淬火冷却介质，将探头加热至 800℃保温 10min 后在淬火冷却介质中淬火。将实验测得的数据与资料标准数据进行对比，如图 28-6 所示。可见，当冷却温度在 500℃以上时，实验数据与标准数据比较接近，但当冷却温度在 500℃以下时，误差较大。

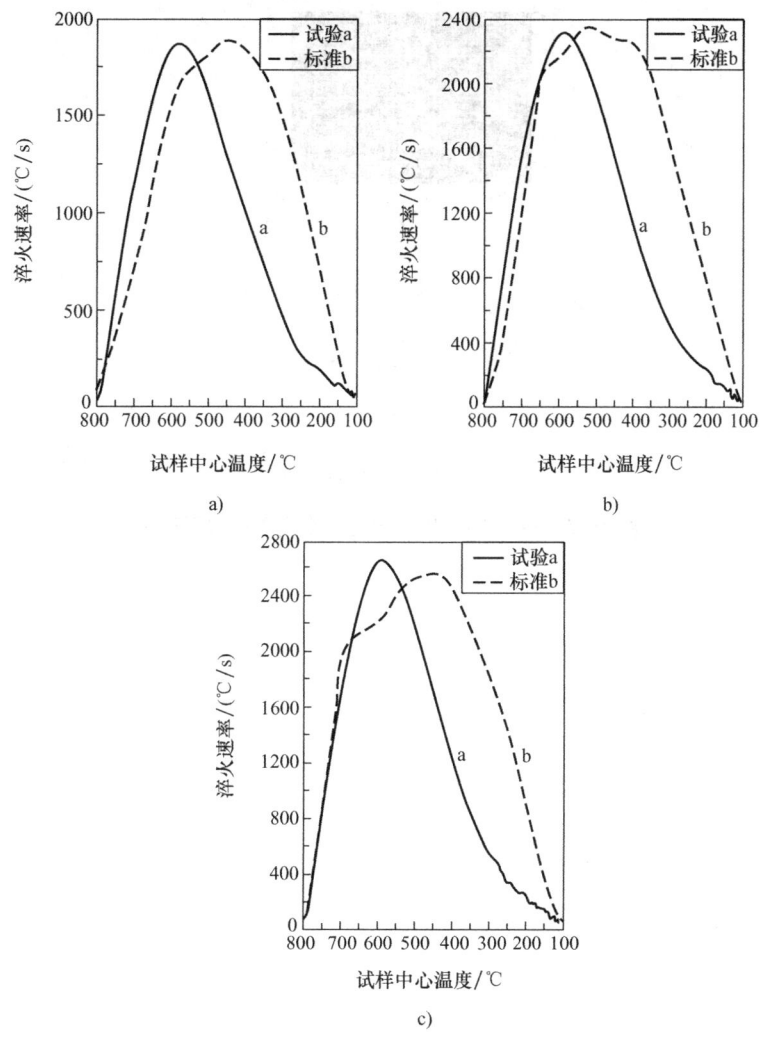

图 28-6　实验测得的数据与资料标准数据进行对比
a）5%盐水　b）10%盐水　c）15%盐水

对实验测得的数据与资料标准数据存在较大误差的原因进行了分析，其误差来源包括实验误差、算法误差和测试条件与资料标准不完全一致等。

4. 练习及思考题

1）学会使用 LabVIEW 建立一个简单的仪器面板。

2）下载和安装 LabVIEW 软件试用版，建立一个简单的仪器面板，使用 LabVIEW 的波形发生器，并将波形发生器的信号显示在仪器面板上（参考答案如图 28-7 所示）。

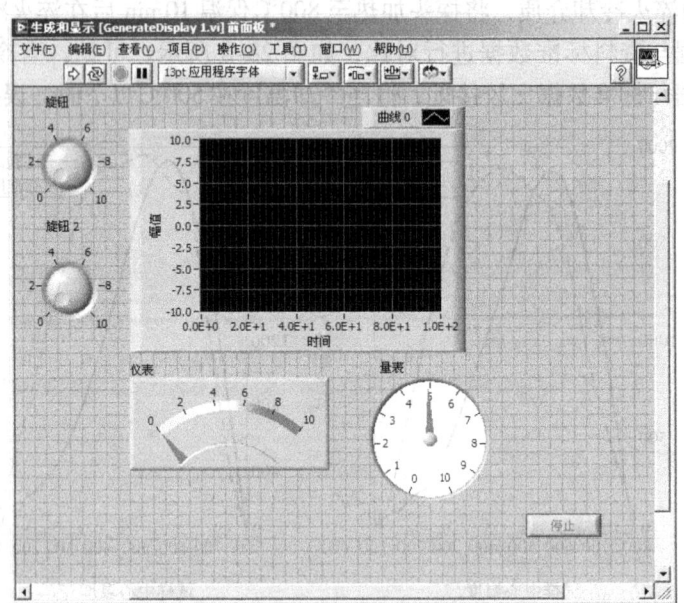

图 28-7 使用 LabVIEW 建立一个简单的仪器面板

实验 29

材料研究中的网络资源应用

1. 实验目的

1) 掌握获取材料科学文献的方法，提高信息意识和信息观念。
2) 了解获取某一材料科学研究领域最新信息的途径。

2. 实验原理概述

网络给我们提供了丰富的中英文材料科学专业资源，其中包括学校的数字图书馆、国内外搜索引擎和材料数据库，这些是我们进行材料科学研究的有利助手，例如：

http：//search.xjtu.edu.cn
http：//search.cnki.net/
http：//g.wanfangdata.com.cn
http：//www.scirus.com
http：//findarticles.com/
http：//www.ctcms.nist.gov/
http：//www.numis.northwestern.edu/
http：//www.twi.co.uk
http：//www.imaterials.org/
http：//www.matsim.com.cn
http：//www.matweb.com
http：//www.msel.nist.gov
http：//www.polymersdatabase.com

3. 练习及思考题

1) 网站分析对比。浏览上述网站，就其中两个网站（含一个英文网站）的内容和特点进行对比。

2) 网上材料数据库查询。利用网上相图数据库查找 Al – Si 相图和 Al_2O_3 – SiO_2 相图。(参考答案：FACT 网络数据库 http：//www.crct.polymtl.ca/fact/index.php，如图 29-1 所示。)

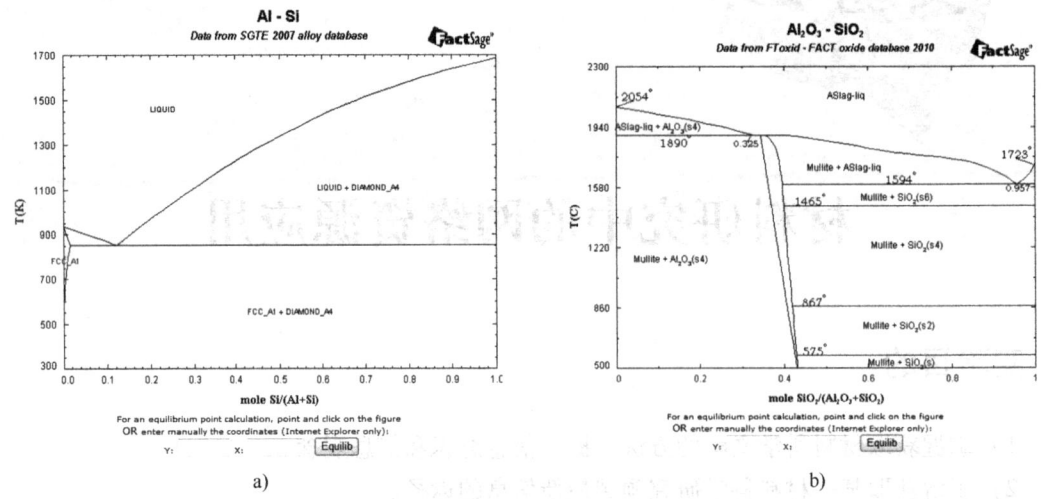

图 29-1　网上相图数据库查找的相图
a) Al – Si 相图　b) Al_2O_3 – SiO_2 相图

3) 网上材料数据库查询。利用网络数据库查找 4340（美国 ASTM 牌号，对应于我国的 40CrNiMoA 钢）钢的成分、845℃油淬 + 650℃回火后的性能。(参考答案：采用网络数据库 http：//www.matweb.com/，查询结果如图 29-2 所示。)

4) 通过网络进行资料查询。写一篇调查报告（1500 字以上），要求有 10 篇以上中、外文参考文献（含 3 篇以上外文参考资料）。

① 计算机在金属（铸造、焊接、热处理）、无机非金属（陶瓷、玻璃、水泥）、高分子材料、复合材料等研究中的应用。

② 材料科学与工程中某一研究领域的最新进展。

③ 材料科学中数学建模的当前状况。

AISI 4340 Steel, oil quenched 845°C, 650°C (1200°F) temper   Page 1 of 2

AISI 4340 Steel, oil quenched 845°C, 650°C (1200°F) temper

Categories: Metal; Ferrous Metal; Alloy Steel; AISI 4000 Series Steel; Low Alloy Steel; Carbon Steel; Medium Carbon Steel

Material Notes: AISI 4340 has a favorable response to heat treatment (usually oil quenching followed by tempering) and exhibits a good combination of ductility and strength when treated thusly. Uses include piston pins, bearings, ordnance, gears, dies, and pressure vessels.

Key Words: alloy steels, UNS G43400, AMS 5331, AMS 6359, AMS 6414, AMS 6415, ASTM A322, ASTM A331, ASTM A505, ASTM A519, ASTM A547, ASTM A646, MIL SPEC MIL-S-16974, B.S. 817 M 40 (UK), SAE J404, SAE J412, SAE J770, DIN 1.6565, JIS SNCM 8, IS 1570 40Ni2Cr1Mo28, IS 1570 40NiCr1Mo15

Vendors: No vendors are listed for this material. Please click here if you are a supplier and would like information on how to add your listing to this material.

Physical Properties	Metric	English	Comments
Density	7.85 g/cc	0.284 lb/in³	

Mechanical Properties	Metric	English	Comments
Tensile Strength, Ultimate	1005 MPa	145800 psi	
	1435 MPa @Temperature -195 °C	208100 psi @Temperature -319 °F	
Tensile Strength, Yield	938 MPa	136000 psi	
	1380 MPa @Temperature -195 °C	200000 psi @Temperature -319 °F	
Elongation at Break	20.0 %	20.0 %	
	20.0 % @Temperature -195 °C	20.0 % @Temperature -319 °F	
Reduction of Area	60.0 %	60.0 %	
	44.0 % @Temperature -195 °C	44.0 % @Temperature -319 °F	
Modulus of Elasticity	213 GPa	30900 ksi	
	219 GPa @Temperature -195 °C	31800 ksi @Temperature -319 °F	
Bulk Modulus	140 GPa	20300 ksi	Typical for steel.
Poissons Ratio	0.290	0.290	Calculated
Machinability	50 %	50 %	annealed and cold drawn. Based on 100% machinability for AISI 1212 steel.
Shear Modulus	82.0 GPa	11900 ksi	Estimated from elastic modulus

Electrical Properties	Metric	English	Comments
Electrical Resistivity	0.0000248 ohm-cm @Temperature 20.0 °C	0.0000248 ohm-cm @Temperature 68.0 °F	
	0.0000298 ohm-cm @Temperature 100 °C	0.0000298 ohm-cm @Temperature 212 °F	
	0.0000552 ohm-cm @Temperature 400 °C	0.0000552 ohm-cm @Temperature 752 °F	

http://www.matweb.com/search/datasheet_print.aspx?matguid=55f1ea0232324aef8bc...   2012-12-22

图 29-2 采用网络数据库查询 4340 钢的数据

AISI 4340 Steel, oil quenched 845°C, 650°C (1200°F) temper   Page 2 of 2

Thermal Properties	Metric	English	Comments
	0.0000797 ohm-cm @Temperature 600 °C	0.0000797 ohm-cm @Temperature 1110 °F	
CTE, linear	10.4 µm/m-°C @Temperature 20.0 °C	5.78 µin/in-°F @Temperature 68.0 °F	specimen oil hardened, 630°C (1110°F) temper
	11.2 µm/m-°C @Temperature 20.0 °C	6.22 µin/in-°F @Temperature 68.0 °F	specimen oil hardened, 630°C (1110°F) temper
	12.4 µm/m-°C @Temperature 20.0 °C	6.89 µin/in-°F @Temperature 68.0 °F	specimen oil hardened, 630°C (1110°F) temper
	12.6 µm/m-°C @Temperature 21.0 - 260 °C	7.00 µin/in-°F @Temperature 69.8 - 500 °F	1.88% Ni, normalized and tempered
	13.6 µm/m-°C @Temperature 250 °C	7.56 µin/in-°F @Temperature 482 °F	specimen oil hardened, 630°C (1110°F) temper
	13.7 µm/m-°C @Temperature 21.0 - 540 °C	7.61 µin/in-°F @Temperature 69.8 - 1000 °F	1.88% Ni, normalized and tempered
	13.9 µm/m-°C @Temperature 21.0 - 540 °C	7.72 µin/in-°F @Temperature 69.8 - 1000 °F	1.90% Ni, quenched, tempered
	14.3 µm/m-°C @Temperature 500 °C	7.94 µin/in-°F @Temperature 932 °F	specimen oil hardened, 630°C (1110°F) temper
Specific Heat Capacity	0.475 J/g-°C	0.114 BTU/lb-°F	Typical 4000 series steel
Thermal Conductivity	44.5 W/m-K	309 BTU-in/hr-ft²-°F	Typical steel

Component Elements Properties	Metric	English	Comments
Carbon, C	0.370 - 0.430 %	0.370 - 0.430 %	
Chromium, Cr	0.700 - 0.900 %	0.700 - 0.900 %	
Iron, Fe	95.195 - 96.33 %	95.195 - 96.33 %	As remainder
Manganese, Mn	0.600 - 0.800 %	0.600 - 0.800 %	
Molybdenum, Mo	0.200 - 0.300 %	0.200 - 0.300 %	
Nickel, Ni	1.65 - 2.00 %	1.65 - 2.00 %	
Phosphorous, P	<= 0.0350 %	<= 0.0350 %	
Silicon, Si	0.150 - 0.300 %	0.150 - 0.300 %	
Sulfur, S	<= 0.0400 %	<= 0.0400 %	

References for this datasheet.

Some of the values displayed above may have been converted from their original units and/or rounded in order to display the information in a consistent format. Users requiring more precise data for scientific or engineering calculations can click on the property value to see the original value as well as raw conversions to equivalent units. We advise that you only use the original value or one of its raw conversions in your calculations to minimize rounding error. We also ask that you refer to MatWeb's terms of use regarding this information. Click here to view all the property values for this datasheet as they were originally entered into MatWeb.

http://www.matweb.com/search/datasheet_print.aspx?matguid=55f1ea0232324aef8bc...   2012-12-22

图 29-2　采用网络数据库查询 4340 钢的数据（续）

参 考 文 献

[1] 方安平,叶卫平,等. Origin8.0 实用指南[M]. 北京:机械工业出版社,2009.

[2] 胡素梅,陈海波. Origin 软件在铁磁材料磁化曲线和磁滞回线实验中的应用研究[J]. 喀什师范学院学报,2011,(3):17-19.

[3] 张志涌,杨祖樱. MATLAB 教程[M]. 北京:北京航空航天大学出版社,2010.

[4] 伍洪标. Excel 在材料实验中的应用[M]. 北京:化学工业出版社,2005.

[5] University of Pittsburgh. Computer Applications in Materials Science MSE 1162 [DB/OL]. 2011. http://www.engineering.pitt.edu/courses/MEMS1162/.

[6] 张忠明. 材料科学中的试验设计与分析[M]. 北京:机械工业出版社,2012.

[7] 崔晓,赵克定,董彦良. 正交实验方法在研究聚四氟乙烯复合密封材料摩擦性能上的应用[J]. 液压与气动,2008 (3):61-65.

[8] 钟继贵. 误差理论与数据处理[M]. 北京:水利电力出版社,1993.

[9] 徐光,王巍,张鑫强,付立铭. 金属材料 CCT 曲线测定及绘制[M]. 北京:化学工业出版社,2009.

[10] 胡赓祥,蔡珣,戎咏华,材料科学基础[M]. 3 版. 上海:上海交通大学出版社,2010.

[11] 李灿,高彦栋,黄素逸. 热传导问题的 MATLAB 数值计算[J]. 华中科技大学学报:自然科学版,2002 (9),91-93.

[12] Edward B Magrab, 等. MATLAB 原理与工程应用[M] 高会生,李新叶,胡智,译. 2 版. 北京:电子工业出版社,2006.

[13] 张朝晖. ANSYS 热分析教程与实例解析[M]. 北京:中国铁道出版社,2007.

[14] 韩占忠,王敬. FLUENT 流体工程仿真计算实例与应用[M]. 北京:北京理工大学出版社,2004.

[15] 史月艳,那鸿悦. 太阳光谱选择性吸收膜系设计、制备及测评[M]. 北京:清华大学出版社,2009.

[16] 徐家文. 材料科学研究与工程技术系列:材料基础实验教程(应用型院校用书)[M]. 哈尔滨:哈尔滨工业大学出版社,2011.

[17] 刘靖,韩静涛,赵杰,等. 石钢 GCr15 轴承钢再结晶规律研究[J]. 轧钢,2007 (6):28-30.

[18] 从爽. 面向 MATLAB 工具箱的神经网络理论与应用[M]. 3 版. 合肥:中国科学技术大学出版社,2009.

[19] 肖卓豪,卢安贤,刘树江,等. 人工神经网络在玻璃配方设计中的应用研究[J]. 材料导报,2005 (6):17-19.

[20] 邹德宁,李娇,李云华等. 采用神经网络的 BP 算法研究高速钢轧辊的热处理工艺[J]. 铸造技术,2007 (11):1518-1521.

[21] 张静,叶卫平,黄剑平. 铝青铜力学性能人工神经网络模型的建立和应用[J]. 热加工工艺,2004 (4):44-46.

[22] 陈树学,刘萱. LabVIEW 宝典[M]. 北京:电子工业出版社,2011.

[23] 万丽军,叶卫平,方安平. 基于 LabVIEW 的淬火介质冷却特性测试系统[J]. 仪表技术与传感器,2006 (11).25-26,44.

[24] 许鑫华,叶卫平. 计算机在材料科学中的应用[M]. 北京:机械工业出版社,2003.